工学基礎シリーズ

情報通信工学

佐藤　亨 編著

OHM
Ohmsha

編著者 佐 藤　　亨（京都大学 特定教授，第 1 章，第 2 章）

著 者 石 崎 俊 雄（龍谷大学 教授，第 7 章）
岩 井 誠 人（同志社大学 教授，第 3 章，5.5 節，5.6 節，6.1 節，6.2 節）
大 木 英 司（京都大学 教授，6.3 節）
大 橋 正 良（福岡大学 教授，第 4 章）
菊 間 信 良（名古屋工業大学 教授，5.1 節，5.2 節，5.3 節，5.4 節）
松 田 浩 路（KDDI 株式会社 執行役員，6.4 節）

（五十音順）

本書に掲載されている会社名・製品名は，一般に各社の登録商標または商標です．

本書を発行するにあたって，内容に誤りのないようできる限りの注意を払いましたが，本書の内容を適用した結果生じたこと，また，適用できなかった結果について，著者，出版社とも一切の責任を負いませんのでご了承ください．

まえがき

　本書は，木村磐根 編著「新世代工学シリーズ 通信工学概論」をベースに，技術の進歩に合わせ，全面的に書き直したものである．情報通信技術は，きわめて広範な領域の技術に支えられた体系であり，それぞれの分野に関する教科書はすでに多数存在するが，情報通信を専門としない理工系の学生諸君のために，その全体を概観したものは少ない．

　いまや日常生活に不可欠な要素となっているスマートフォンは，無線通信機とコンピュータを一体化した情報通信システムであるが，そこに含まれる技術はあまりに高度化が進んで，その全体像を把握することは専門家にも困難になりつつある．また，日進月歩の先端技術は容易に陳腐化し，変化するため，学部レベルの教科書で詳細を説明することは適切でない．その一方で，これからの技術者にとっては，その専門分野にかかわらず，情報通信技術に関する基礎的な知識について理解を深めることが不可欠である．そこで本書では，コンピュータによる情報処理の部分を除き，通信機器に関する技術について，その中核をなす普遍的なアイデアを抽出し，それらを可能としている基本的原理を理解することに重点を置いている．

　第1章では，現代社会における通信の意味を理解するために，情報通信技術の発達の歴史を簡単に振り返る．続く第2章では，通信における信号を統一的に取り扱う方法について学ぶ．特に，重要な周波数の概念と，これを表現する数学的手法としてのフーリエ変換を導入し，その性質を確かめる．また，これを利用して信号を加工する手段である信号処理の基礎についても述べる．

　次に，1つの信号の上に多種類の情報を載せて伝送するための技術である変復調について学ぶ．まず第3章では，連続信号をそのままの形で扱うアナログ変復調の手法として，振幅変調と角度変調について概説する．第4章では，アナログ信号をディジタル信号に変換する標本化と量子化の手続きについて述べ，ディジタル変復調と多重化の手法を概説する．さらに，ディジタル信号の伝送において不可欠な情報量の概念と符号化，および誤り訂正の技

術を学ぶ.

　第 5 章では，無線通信の基幹をなすアンテナと電波の伝搬の問題を取り扱う．まず基本的な形状のアンテナについて，それがつくる電磁界を解析し，伝送素子としての特性を理解する．特に，今後の通信において重要となる多数素子を利用したアレーアンテナについて述べ，その特性と，これを用いた干渉波除去技術の基礎を学ぶ．次に，アンテナから放射された電波の伝搬に関して，反射，回折などの現象を調べ，屋内や都市域など，現実的な環境における影響を評価する．

　第 6 章では，主に移動通信を対象として，これを実現するシステムと基幹技術について述べる．また通信ネットワークを構成する要素技術として，ネットワークアーキテクチャ，インターネットプロトコル，ルーチングなどについてその基礎を学ぶ．さらに，現在および近い将来の移動通信技術を展望する．

　最後に第 7 章では，通信を支える回路技術について述べる．スマートフォンを例に，その無線部の回路構成とさまざまな技術課題の概略を学ぶ．特に，送信回路，発振回路，変復調回路および電力増幅器などについて，これに用いられる技術と，高効率化，小型化，低消費電力化などの手法を概観する．

　本書を理解するうえで必要となる予備知識は，高校で学ぶ数学と，物理のうち電磁気に関する部分に限定している．ただし，その中でも複素数と微積分に関する基本的知識は必須である．

　本書が，読者の皆さんが情報通信技術について学ぶ最初の一歩の手助けとなれば，著者一同，この上ない喜びである．

　2021 年 9 月

著 者 一 同

目　　　次

第1章　　社会と通信

第2章　　信号と周波数スペクトル

第3章　　アナログ変調

第4章　　ディジタル変復調と符号化

第1章
社会と通信

　現代社会において情報通信は，電気や水道と同様に，生活に不可欠な社会基盤となっている．しかし，どのような技術がこれを実現しているかを目にすることは，いままで少なかったのではないだろうか．

　本章では，まず通信が社会とどうかかわり，どのような影響を与えているかを知ることを目的として，情報通信技術の発達の歴史を簡単に振り返る．

1.1　人間と通信の関係

　「通信」という言葉を辞書で調べると，まず「人がその意思を他人に知らせること」とある．意思を正しく伝達することは，人間が社会を構成するうえで最も基本的な要素であり，社会の規模が大きく複雑になるにしたがってその重要性はますます高くなる．「人間は考える葦である」というのは16世紀のフランスの数学者，哲学者であったパスカルの言葉であるが，現代社会では「人間は通信する存在である」といいかえてもよいかもしれない．もちろん，通信は人間のみに与えられた特権ではなく，社会生活を営む動物はすべて何らかの意思疎通を行うし，IoT（Internet of Things）という言葉が示すように，これからはすべてのモノが互いに通信する時代がやってくる．そこでは伝達する内容も「人の意思」に限らず，広く「情報」と呼ぶべきものとなる．

　それでもなお，人間を他の動物と区別する最大の特徴の1つが，通信による情

報伝達であることは明らかであろう．地震や台風などの大規模災害の復旧において，水や食料と並んで通信手段の回復が最優先課題にあげられることも，それを表している．身のまわりにあるもので，なくなって最も困るのがスマホ（スマートフォン）であるという人も多いだろう．その一方で，そのスマートフォンがどのようにして「いつでも，どこでも，誰とでも」の通信を可能としているのかを理解している人はごく少数ではないだろうか．本書は，スマートフォンに代表される情報通信機器を支える基幹技術を，その原理からわかりやすく解説することを目指している．

　広義の通信は，1 対 1 のものと，1 対多のものに大別される．前者を狭義の通信と呼び，後者は放送と呼ぶことが多い．紙媒体においては，手紙が 1 対 1 の通信，本や新聞が 1 対多の通信手段である．電気通信においても，かつては 1 対 1 の電信・電話と，1 対多のラジオ放送やテレビ放送が厳密に区別され，現在でも放送に関しては「放送法」という独立した法律が定められている．これは，多数の受信者を対象に情報を伝達する，放送の影響の大きさを考慮したためと考えることができる．

　しかし，インターネットの普及によって，両者の境は急速に消失しつつある．SNS（Social Networking Service）においては，もちろん 1 対 1 の通信も可能であるが，複数，特定多数，あるいは不特定多数を対象とすることが普通になった．さらに，従来の放送では，送信者と受信者の関係が固定された一方向通信であったのに対して，SNS などでは多対多の間で双方向の通信が可能であり，誰もが容易に情報発信できる時代が到来した．

　これは人類が初めて経験する事態であって，インターネットの黎明期には情報通信技術の発展によって究極の民主主義が実現するというバラ色の未来が語られたこともあった．しかし現実には，デマが一瞬で拡散するようになり，ヘイトスピーチに代表される差別的・暴力的な言説も跡を絶たない．情報の洪水の中で，人々が自分の好む情報のみを選別して受け入れることによって，社会が分断され，対立が煽られる傾向が一層強くなっている．人工知能 (AI; Artificial Intelligence) を用いて明らかに事実と反する極端な主張を抽出・排除することは可能となりつつあるが，多くの場合，何が正しいかは受信者の判断に依存し，その価値基準自体が受け入れる情報によって形成されるという循環が生じている．このこと自体は昔から不変であるが，それが極端に増幅されて社会に不安定を生じていること

が現代社会の特徴といえる.

　この混沌をもたらしたのが情報通信技術であるのなら，それを解決するのも新たな技術によるほかはないかもしれない．そのような社会に変革をもたらす技術の開拓は，情報通信の専門家のみの手には余ると予想される．これからは，あらゆる分野の技術者が情報通信に関する理解を深め，知恵を結集する必要がある．しかし，次節に述べるように，情報通信の技術は長い年月をかけて，多数の先駆者の努力の上に成立した体系であり，そのすべてを 1 冊の教科書に網羅することは不可能である．また，最先端のキーワードは，半年もすると陳腐化しているのが通例である．そこで本書では，情報通信技術の中核をなす普遍的なアイデアを抽出し，それらを可能としている基本的原理を理解することに重点を置いている.

1.2　通信の歴史

1.　黎明期

　進化の途上で人類は，まず音声による通信手段を獲得した．言語である．言語によって複雑で抽象的な概念を表現し，共有することができるようになった．そもそも「考える」という行為すら，言語がなければ動物の思考のレベルを超えることは難しい．次に，音声言語を文字として記録する方法が発明された．文字には，記録と同時に伝達の機能がある．その記載手段の 1 つである紙は情報記録密度を飛躍的に高め，さらに印刷技術が多数の人への情報伝達を可能とした.

　紙を記録媒体とする場合，目の前にいない人との通信には手紙が用いられるが，その伝達は文書を運ぶ人の移動速度に制約される．伝達の速度を向上させる手法としては，最初に狼煙（のろし）が用いられた．これがディジタル（0 か 1 か）の光通信であったことは興味深い.

2.　電気通信の発達

　18 世紀後半には電磁気現象の理解が進みモールス（S.F. Morse）によって 1835 年に電信が実用化された．これも On–Off の 2 値によるディジタル通信である．音声の通話は，これに遅れて 1876 年のベル（A.G. Bell）によるアナログ振幅変調方式を用いた電話の発明まで待たねばならなかった．また，遠距離の電気通信に関して，1858 年には大西洋横断海底ケーブルが敷設された．これも当然，有線通信

である.

　これとほぼ時期を同じくして, 1864 年にはマクスウェル (J.C. Maxwell) によって電磁波の理論が提唱されている. マクスウェルは, 自らの理論から導かれる真空中の電磁波の伝搬速度が光速と一致することを見出し, 光が電磁波の一種であることを示した. 電波は, 次節に述べるとおり, 電磁波のうち 3 THz (テラヘルツ = 10^{12} Hz) 以下の周波数のものをいう. 1887 年にはヘルツ (H.R. Hertz) によって電波の存在が実証され, 早くも 1901 年にはマルコーニ (G. Marconi) によって大西洋横断の無線通信が実現した. その後, 無線通信技術は急速に発展し 1920 年には米国ピッツバーグで最初のラジオ放送局が開局している. わが国では 1925 年に東京放送局が開局した. また, 同じく 1925 年には白黒テレビジョンが, 1928 年にはカラーテレビジョンが発明されている.

　世界最初の人工衛星であるスプートニクが 1957 年に打ち上げられた 3 年後には, 大きな風船のような衛星「エコー 1 号」による反射波を用いて通信することが試みられている. 1962 年には, 現在と同様の能動的な通信衛星が打ち上げられた. これ以後, 国際通信は衛星通信が主流となるが, 超低損失の光ファイバが開発された 1970 年代末ごろから後には, 通信容量の点から再び海底ケーブルによる有線通信に回帰して現在にいたる.

3.　インターネットの普及

　従来の電話網で所望の相手と接続するには, 中継局において回線をつなぎ変える回線交換の手法が用いられてきた. この仕事は, 初期にはもっぱら交換手の手作業で行われた. 次いで日本では, 1926 年より導入された自動交換機のリレースイッチによって物理的に, さらに 1970 年代からは電子スイッチによって行われるようになった.

　これに対して, コンピュータ間の通信網であるインターネットでは, 電話番号にあたる **IP** (Internet Protocol) アドレス[1]と呼ばれる 32 ビット (IPv4), もしくは 128 ビット (IPv6) の番号を用い, パケットと呼ばれるデータの単位ごとに宛先に転送するしくみを用いる. ただし, この番号では覚えるのに不便なので, プロバイダと呼ばれるインターネットの接続事業者が DNS (Domain Name System)

....

[1] 6.3 節 2. の 139 ページ参照.

というデータベースを構築し，ドメイン名（例えばオーム社の Web ページであれば www.ohmsha.co.jp）から IP アドレスに変換するサービスを提供している．また，スマートフォンなどの移動通信では，端末がどの基地局を経由して通信を行うかが刻々と変化するので，利用者が通信を行わないときも，端末は基地局に接続して自分の所在を知らせている．

4. 回路素子の進歩

通信技術の発達には，それを支える機器の進歩も重要な役割を果たしている．有線，無線にかかわらず，その初期には増幅の技術が存在しなかったため，送信機でつくられる信号の強度が到達範囲を制約した．1882 年にはフレミング (J.A. Fleming) が整流に用いられる 2 極真空管を発明した．1906 年にはド・フォレスト (L. De Forest) がこれに制御電極を加えた 3 極管を発明し，電気信号を増幅することが可能になった．1948 年にはショックレー (W.B. Shockley) らにより，トランジスタが発明され，回路の飛躍的な小型化と長寿命化が進んだ．

さらに，1950 年代には，半導体の表面にトランジスタなどからなる電子回路を形成した集積回路（IC; Integrated Circuit）が開発された．その後も LSI（Large Scale Integration），VLSI（Very Large Scale Integration）と大規模集積化が進み，コンピュータの中央演算処理装置の全体を 1 つの素子上に実装したマイクロプロセッサなどが実用化されるにいたった．

今日の情報通信機器の小型化，高性能化は，これら半導体素子の進歩を抜きには考えられない．

1.3 無線通信に使われる周波数

わが国では，電波 (radio wave) という用語は「電波法」という法律によって規定されており，そこには『「電波」とは，300 万メガヘルツ以下の周波数[*2]の電磁波をいう．』と記されている．300 万 MHz $(= 3 \times 10^{12}$ Hz) は 3 THz である．ちなみに 3 THz 以上の電磁波としては，赤外線（周波数：$10^{12} \sim 10^{14}$ Hz のオーダ），可視光線（同 10^{15} Hz），紫外線（同 10^{16} Hz），X 線および γ 線（同 10^{17} Hz）などが

[*2] 周波数の意味については第 2 章で詳しく述べる．

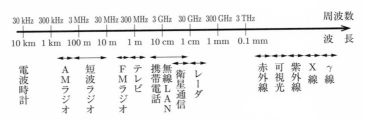

図 **1.1**　周波数ごとの主な電波の用途

ある．これらは法律的には電波ではない．なお，赤外線以上の周波数の電磁波は一般に周波数では示さず，波長で示すのが通例である．

　3 THz 以下の周波数帯は，さまざまな無線通信，および通信以外の電波を使ったシステムに用いられている．わが国では，電波は周波数ごとにその利用が総務省により管理されており，それぞれのシステムの利用目的に適した周波数帯が割り当てられている．周波数の割当状況は総務省の電波利用ホームページにおいて公開されている．図 1.1 は主な周波数の利用状況を示している．

　一方，電波の伝搬特性，およびその利用法は，周波数の高低によって変化する．電波は周波数が高くなると直進性が強くなり，見通し外への伝搬は難しくなる．10 GHz 以上の高い周波数では，大気や降雨の水滴などによる吸収・減衰が生じる．移動通信には，従来は 800 MHz 帯などの周波数帯が用いられていたが，情報通信システムの世代の進化にともない，2 GHz 帯，3 GHz 帯，4 GHz 帯，さらには 28 GHz 帯等への高い周波数帯へと展開している（6.4 節 1. の 148 ページ参照）．さらに，通信の高速・大容量化への需要の高まりにともない，その要求を満たすために，広い周波数帯域を確保しやすい高い周波数に拡張されつつある状況である．

第2章
信号と周波数スペクトル

　電気通信においては，伝えたいさまざまな情報を信号という形にしてやり取りする．その内容は，音声，文字，写真，動画など多岐にわたるが，本章ではこれらを統一的に扱う枠組について考える．

　また，個々の信号の特徴を表す方法として，周波数スペクトルの概念と，これを利用して信号を加工する手段である信号処理の基礎について学ぶ．

2.1　信号の種類と性質

　電気信号は，電圧や電流の時間変化によって情報を伝えるものであるから，通常，時間の関数 $x(t)$ で表現される．動画のように2次元で，かつ時間とともに変化する信号の場合は，3変数の関数として表現する必要があると思えるが，人間の視覚が速い動きに反応しないことを利用して，画面上を水平・垂直に走査し，各点のもつ情報を時系列に変換して送ることにより，時間のみの関数で表現することができる．また，ステレオ放送やカラー画像のように複数の信号を含む場合も，次章以下に述べる変復調の技術により，1つの信号の上に多重化することが可能である．本節では，さまざまな信号をその特徴によって分類し，その性質を考える．

　周期信号 (periodic function) とは図 **2.1** に示すように，任意の t について

$$x(t + T) = x(t) \tag{2.1}$$

を満たす信号，すなわち，ある周期 T で同じ波形を繰り返す信号のことである．

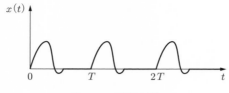

図 2.1　周期信号

これ以外のすべての信号を非周期信号と呼ぶ.

　周期信号の簡単な例としては,正弦波やのこぎり波,矩形波など,信号発生器でつくられる波形の多くがあげられる.周期信号は時間 T ごとに波形が繰り返されるため,そのまま通信における信号となることは少ないが,情報伝送の重要な要素として用いられるほか,以降の節に示すように信号の性質を分析する場合の基礎となる.

　周期信号も含めて,任意の時刻 t における値が一意に定まった信号を確定的信号という.特に,確定的な非周期信号を過渡的信号という.その代表的なものとしては,**単位階段関数** (unit step function) $u_0(t)$

$$u_0(t) = \left\{ \begin{array}{ll} 1 & (t > 0) \\ 0 & (t < 0) \end{array} \right. \tag{2.2}$$

や,**単位インパルス関数** (unit impulse function) $\delta(t)$ がある. $\delta(t)$ は超関数と呼ばれるもので,普通の関数とは異なって

$$\int_{-\infty}^{\infty} \delta(t)\, \mathrm{d}t = 1, \ \text{かつ}, \ \delta(t) = 0 \qquad (t \neq 0)$$

を満たす任意の関数として定義される.これにはさまざまな表現が考えられるが,よく用いられる形式は

$$\delta(t) = \lim_{\Delta \to 0} \delta_\Delta(t), \ \ \delta_\Delta(t) = \left\{ \begin{array}{ll} \dfrac{1}{\Delta} & \left(-\dfrac{\Delta}{2} \leq t \leq \dfrac{\Delta}{2} \right) \\ 0 & \left(|t| > \dfrac{\Delta}{2} \right) \end{array} \right. \tag{2.3}$$

というものである.

　$u_0(t)$ と $\delta(t)$ の間には,式 (2.3) からわかるように

$$\int_{-\infty}^{t} \delta(\tau)\, \mathrm{d}\tau = u_0(t) \tag{2.4}$$

の関係がある．$u_0(t)$ や $\delta(t)$ は，システムの特性や動作の解析において重要な役割を果たす．

一方，実際に通信に用いられる信号の多くは，その時々によって異なる情報を伝送するわけであるから，上記の確定的な信号とは異なり，各時刻における値は不確定で，確率的に定まると考えたほうが都合がよい．このような信号を不規則信号 (random signal) と呼ぶ．

例えば，人間の会話を無限の過去から未来まで記録できるとすれば，ある確定的な時間の関数 $x(t)$ でその会話を記述することも可能であるが，このような関数はあまりに複雑で取扱いが困難である．また，話題が異なればその関数形が異なるのでは一般性をもった議論ができない．

しかし，人間の音声信号にはその内容によらず一定の特徴があるので，情報通信システムの特性を考えるうえでは，この特徴のみに着目し，一般的な人間の会話を，同じ特徴をもった不規則信号として取り扱うことができる．

2.2　周波数スペクトル

信号の特徴を表す重要な量の 1 つに周波数 (frequency) がある．日常的には，例えば FM ラジオ局の○○MHz という表記に用いられる．これはその局がその周波数の電波を送信しており，ラジオの受信機をその周波数に合わせれば，その局が送信している番組，すなわち信号を受信できることを意味する．しかしこのとき，もしその局が送信している電波が，厳密にある周波数の正弦波であったとすると，正弦波の波形は，振幅，周波数，位相の 3 つの定数で完全に表現できるはずであるから，音楽などの情報を伝送することは不可能になる．実際には，伝送されているのは表示された周波数の近辺のさまざまな周波数をもつ信号の重ね合せであり，それらの組合せによって複雑な信号が伝送されているのである．ラジオ受信機を使って，多くの電波の中から希望する局のみを選局できるのは，各局がある間隔で異なる周波数を用いているため，特定の周波数に近い信号のみを抽出することによって，他の放送局の信号を分離できるからである．

このように，信号の特徴には，その信号に含まれるさまざまな周波数成分の分

布が深くかかわっている．プリズムを用いて光を波長によって分解したものをスペクトルというが，電気信号もこれとまったく同様に周波数によって分解できる．これを**周波数スペクトル** (frequency spectrum) という．周波数スペクトルは，周波数 f の関数であると考えることができる．ある信号が低い周波数の信号のみを含むとき，周波数は周期の逆数であるから，その信号の時間変化はゆっくりとしたものとなり，逆に高い周波数のみであれば短い周期で変動するはずである．このように，信号とその周波数スペクトルの間には密接な関係がある．

　周波数スペクトルを $X(f)$ と表すとすると，$X(f)$ ともとの信号 $x(t)$ の間にはどのような関係が成り立つであろうか．この関係を表すものが次に述べるフーリエ変換である．

2.3　フーリエ級数とフーリエ変換

　最初に，前掲の式 (2.1) で表される周期 T の周期関数について考える．フランスの数学者，物理学者のフーリエ (J.–B.–J. Fourier, 1768–1830) は，このような関数は周期 T/n (n は整数) の正弦波の無限級数（数列の和）で表現できると考えた．

　まず，簡単のために $x(t)$ が奇関数，すなわち $x(-t) = -x(t)$ である場合を考える．この場合，$x(t)$ は奇関数のみの級数で表現できるはずである．また，級数の各項も式 (2.1) を満たす必要があるから，結局，各項は T の区間にちょうど整数個の波を含む sin 波となり，求める展開式は

$$x(t) = \sum_{n=1}^{\infty} b_n \sin 2n\pi f_0 t \qquad \left(f_0 = \frac{1}{T} \right) \tag{2.5}$$

の形となる．ここで，右辺の係数 $\{b_n\}$ を求めるためには，特定の b_n を含む項以外が消えるような演算を両辺に施せばよい．これには次の関係を用いる．

$$\int_{-\frac{T}{2}}^{\frac{T}{2}} \sin 2m\pi f_0 t \cdot \sin 2n\pi f_0 t \, \mathrm{d}t = \begin{cases} 0 & (m \neq n) \\ \dfrac{T}{2} & (m = n) \end{cases} \tag{2.6}$$

このような性質をもつ関数列を**直交関数** (orthogonal functions) と呼ぶ．式 (2.5) の両辺に $\sin 2n\pi f_0 t$ をかけ，$-T/2$ から $T/2$ まで積分すると

$$b_n = \frac{2}{T} \int_{-\frac{T}{2}}^{\frac{T}{2}} x(t) \sin 2n\pi f_0 t \, \mathrm{d}t$$

の関係が得られる.

また，$x(t)$ が偶関数の場合も同様に $\cos 2n\pi f_0 t$ の級数により展開することができる. 任意の関数は偶関数と奇関数の和で表されるから，結局，一般の周期関数 $x(t)$ について

$$x(t) = \frac{a_0}{2} + \sum_{n=1}^{\infty} (a_n \cos 2n\pi f_0 t + b_n \sin 2n\pi f_0 t) \tag{2.7}$$

$$\begin{cases} a_n = \dfrac{2}{T} \displaystyle\int_{-\frac{T}{2}}^{\frac{T}{2}} x(t) \cos 2n\pi f_0 t \, \mathrm{d}t & (n = 0, 1, 2, \cdots) \\[3mm] b_n = \dfrac{2}{T} \displaystyle\int_{-\frac{T}{2}}^{\frac{T}{2}} x(t) \sin 2n\pi f_0 t \, \mathrm{d}t & (n = 1, 2, \cdots) \end{cases} \tag{2.8}$$

と表現できる. これを関数 $x(t)$ の**フーリエ級数展開** (Fourier series expansion) と呼ぶ.

式 (2.7) において

$$\cos 2n\pi f_0 t = \frac{\mathrm{e}^{\mathrm{j}2n\pi f_0 t} + \mathrm{e}^{-\mathrm{j}2n\pi f_0 t}}{2}, \quad \sin 2n\pi f_0 t = \frac{\mathrm{e}^{\mathrm{j}2n\pi f_0 t} - \mathrm{e}^{-\mathrm{j}2n\pi f_0 t}}{2\mathrm{j}}$$

の関係を用いると

$$x(t) = \sum_{n=-\infty}^{\infty} c_n \mathrm{e}^{\mathrm{j}2n\pi f_0 t} \tag{2.9}$$

と表すことができる. ここで e は自然対数の底，$\mathrm{j}\,(=\sqrt{-1})$ は虚数単位である. 情報通信を含む電気電子工学分野では，電流に変数 i を用いるので，区別のためにこの表記を用いることが多い.

この場合の級数の係数は，式 (2.8) より

$$c_n = \frac{1}{T} \int_{-\frac{T}{2}}^{\frac{T}{2}} x(t) \, \mathrm{e}^{-\mathrm{j}2n\pi f_0 t} \, \mathrm{d}t \qquad (n = 0, \pm 1, \pm 2, \cdots) \tag{2.10}$$

となる. c_n は一般に複素数となる. この形式を**複素フーリエ級数** (complex Fourier series) と呼ぶ. 式 (2.9) において注意すべきことは，式 (2.7) の場合と異なり，級数の範囲が $-\infty$ から ∞ までとなっていることである. これは形式的には「負の周波数」をも考えていることを表す.

普通に周波数という場合には正弦波の周期の逆数を意味するので，正の数しか考えることができない. しかし式 (2.9) では $x(t)$ を実関数である sin 関数や cos 関

数のかわりに，複素関数である $e^{j2n\pi f_0 t}$ で展開している．このとき，複素平面上で $e^{j2n\pi f_0 t}$ は t の増加とともに円の軌跡を描くが，その向きは $n > 0$ のときは反時計方向，$n < 0$ のときは時計方向となる．すなわち，この場合には周波数の大きさは回転の速さを，その符号は回転の向きを表している．

フーリエ級数展開は，周期関数を基本周波数 $f_0 = 1/T$ とその整数倍の周波数をもつ正弦波の成分に分解することを意味する．このとき，$|n| = 1$ の成分を**基本波** (fundamental wave)，$|n| > 1$ の成分を**高調波** (harmonic wave) と呼ぶ．また $n = 0$ の成分を**直流成分** (DC component) と呼ぶ.

フーリエ変換 (Fourier transform) は，周期関数に対するフーリエ級数の考え方を非周期関数の場合にまで拡張したものである．われわれがある信号を実際に観測することのできる時間は有限であるから，その時間帯の外で起こっていることは意味をもたない．したがって，たとえその信号が観測時間 T_{obs} の間に周期性をもたなくても，形式的にこれを十分長い時間 $T(\gg T_{\mathrm{obs}})$ ごとに繰り返す周期信号と考えることは可能である．これは，非周期信号を周期 T が無限に長い周期信号として取り扱うことに相当する．そこで，式 (2.10) で定義される複素フーリエ係数 c_n について，この極限を考えてみる.

式 (2.10) において $T \to \infty$ とすると

$$\lim_{T \to \infty} c_n T = \int_{-\infty}^{\infty} x(t)\, e^{-j2n\pi f_0 t}\, dt \tag{2.11}$$

となる．ここで左辺は

$$\lim_{f_0 \to 0} \frac{c_n}{f_0}$$

と書ける．f_0 はスペクトルの各成分となる周波数の間隔であったから，この式は微小周波数間隔あたりの周波数スペクトルという意味をもつ．そこで $f = nf_0$ とおき，式 (2.11) の右辺の積分を $X(f)$ と書くと

$$X(f) = \int_{-\infty}^{\infty} x(t)\, e^{-j2\pi f t}\, dt \tag{2.12}$$

と表すことができる．この $X(f)$ を $x(t)$ のフーリエ変換と呼び，$\mathcal{F}[x(t)]$ と記す．

これを用いると式 (2.9) は

$$x(t) = \lim_{f_0 \to 0} \sum_{n=-\infty}^{\infty} X(f_0)\, e^{j2n\pi f_0 t}\, f_0$$

と書ける．右辺が一定値に収束する場合，これは積分の定義に一致するから

$$x(t) = \int_{-\infty}^{\infty} X(f)\,e^{j2\pi ft}\,df \tag{2.13}$$

と書き直すことができる．この $x(t)$ を $X(f)$ の逆フーリエ変換 (inverse Fourier transform) と呼び，$\mathcal{F}^{-1}[X(f)]$ と記す．

式 (2.12)，式 (2.13) はある信号を表現する 2 つの関数 $x(t)$ と $X(f)$ が 1 対 1 に対応することを示している．このとき，$x(t)$ を時間領域 (time domain) における表現，$X(f)$ を周波数領域 (frequency domain) における表現という．すなわち，信号の特性を表現するにはどちらの領域を用いてもよく，必要に応じて両者を交換することができる．

一例として，ゲート関数 (gate function)

$$\Pi\left(\frac{t}{T}\right) = \begin{cases} 1 & \left(|t| < \dfrac{T}{2}\right) \\ 0 & \left(|t| > \dfrac{T}{2}\right) \end{cases}$$

のフーリエ変換を考える．

$$\begin{aligned} \mathcal{F}\left[\Pi\left(\frac{t}{T}\right)\right] &= \int_{-\frac{T}{2}}^{\frac{T}{2}} e^{-j2\pi ft}\,dt \\ &= T\,\frac{\sin(\pi fT)}{\pi fT} \end{aligned} \tag{2.14}$$

式 (2.14) の形は **sinc 関数** (sinc function) と呼ばれ，この後しばしば現れる．これらの関数を図 **2.2** に示す．そのほか，**表 2.1** にいくつかの重要な関数とそのフーリエ変換を示す．

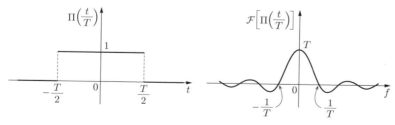

図 **2.2** ゲート関数と sinc 関数

表 2.1　代表的な関数とそのフーリエ変換

$x(t)$	$X(f)$
$\delta(t)$	1
1	$\delta(f)$
$\Pi\left(\dfrac{t}{T}\right)$	$T\,\dfrac{\sin(\pi fT)}{\pi fT}$
$\dfrac{\sin \pi f_0 t}{\pi f_0 t}$	$\dfrac{1}{f_0}\,\Pi\left(\dfrac{f}{f_0}\right)$
$\cos 2\pi f_0 t$	$\dfrac{1}{2}[\delta(f+f_0)+\delta(f-f_0)]$
$\sin 2\pi f_0 t$	$\dfrac{j}{2}[\delta(f+f_0)-\delta(f-f_0)]$
$e^{j2\pi f_0 t}$	$\delta(f-f_0)$
$e^{-a|t|}$	$\dfrac{2a}{a^2+(2\pi f)^2}$
e^{-at^2}	$\sqrt{\dfrac{\pi}{a}}\,e^{-\frac{(\pi f)^2}{a}} \quad (a>0)$
$\displaystyle\sum_{i=-\infty}^{\infty}\delta(t-iT)$	$\displaystyle f_0\sum_{i=-\infty}^{\infty}\delta(f-if_0) \quad \left(f_0=\dfrac{1}{T}\right)$

2.4　フーリエ変換の性質

　フーリエ変換を道具として使う場合には，一方の領域においてある関数に四則演算や微積分の演算を施したとき，他方の領域でその演算がどのように表現されるかを知っておくことが重要である．ここでは，式 (2.12) と式 (2.13) から導かれるいくつかの性質について考える．簡単のため，以下では関数 $x(t)$ と $X(f)$ がフーリエ変換対であることを $x(t) \leftrightarrow X(f)$ と表す．また，もう 1 組の対を $y(t) \leftrightarrow Y(f)$ とする．

1.　線形性

　2 つの関数 $x(t)$，$y(t)$ と，定数 a，b に対して

$$ax(t) + by(t) \quad \leftrightarrow \quad aX(f) + bY(f) \tag{2.15}$$

が成り立つ．これより多数の信号の線形結合についても同様の関係が成り立つこ

とがわかる.

2. 対称性

式 (2.12) と式 (2.13) がほとんど同じ形式をもつことから, 時間領域と周波数領域の関数形 (x と X) を入れかえた関係

$$X(t) \quad \leftrightarrow \quad x(-f) \tag{2.16}$$

が成り立つ.

3. 相似性

信号の周期と周波数は逆数の関係にある. 一般に

$$x(at) \quad \leftrightarrow \quad \frac{1}{|a|} X \left(\frac{f}{a} \right) \tag{2.17}$$

の関係が成り立つ.

4. 周波数推移

式 (2.12) の $x(t)$ を $x(t)\mathrm{e}^{\mathrm{j}2\pi f_0 t}$ に置き換えると

$$x(t)\,\mathrm{e}^{\mathrm{j}2\pi f_0 t} \quad \leftrightarrow \quad X(f - f_0) \tag{2.18}$$

の関係が得られる. これは, 複素数に拡張された意味での変調の概念を表している. すなわち, $x(t)$ にある周波数 f_0 で回転する関数をかける, という操作は周波数領域でスペクトルを f_0 だけ移動することに相当する.

このとき, $f_0 > 0$ であればスペクトルは右へ (正の方向へ), $f_0 < 0$ であれば負の方向へ移動することがわかる (図 **2.3**).

通常の意味での (正の) 周波数についていえば, 周波数を高くすることはスペクトルを右へ, 低くすることは左へ移動させることであるから, 変調周波数の増減がスペクトルの左右への移動を表すことは容易に理解できる. 負の周波数とは, この移動を 0 を越えて自然に拡張したものにほかならない.

5. 時間推移

周波数推移と同様に, 時間軸での推移については

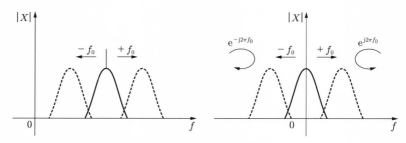

図 **2.3**　周波数推移と負の周波数の関係

$$x(t - t_0) \quad \leftrightarrow \quad X(f)\,\mathrm{e}^{-\mathrm{j}2\pi f t_0} \tag{2.19}$$

の関係が成り立つ．これは，時間軸上で信号を t_0 遅延することが，各周波数成分の位相を $2\pi f t_0$ だけ回転させることを意味する．ここで，回転角が周波数に比例するのは，同じ遅延量でも，高い周波数成分にとっては大きな位相の推移に相当するからと解釈できる．

6.　時間微分と時間積分

式 (2.13) の右辺で時間 t を含むのは $\mathrm{e}^{\mathrm{j}2\pi f t}$ の項だけであるから，この式は簡単に微分・積分することができて

$$\frac{\mathrm{d}f}{\mathrm{d}t} \quad \leftrightarrow \quad \mathrm{j}2\pi f\, X(f) \tag{2.20}$$

$$\int_{-\infty}^{t} x(t)\,\mathrm{d}t \quad \leftrightarrow \quad \frac{1}{\mathrm{j}2\pi f} X(f) + \frac{1}{2} X(0)\delta(f) \tag{2.21}$$

の関係が得られる．つまり，時間領域での微分は周波数領域で単純に $\mathrm{j}2\pi f$ をかけることを，積分は単純に $\mathrm{j}2\pi f$ で割ることを意味する．

また，このことから，微分は高周波成分を強調し，積分は低周波成分を強調する働きがあることもわかる．これは，後述するフィルタの動作を理解するうえで重要であり，実際に微分器・積分器がそれぞれ高域通過・低域通過フィルタとして使用されることも多い．

7.　畳込み積分

2 つの関数の畳込み積分 (convolution integral) を次式で定義する．

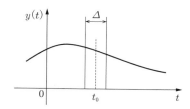

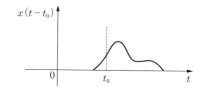

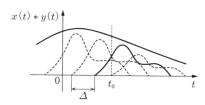

図 **2.4** 畳込み積分

$$x(t) * y(t) \equiv \int_{-\infty}^{\infty} x(\tau)\, y(t-\tau)\, \mathrm{d}\tau \tag{2.22}$$

そのフーリエ変換は

$$\mathcal{F}[x(t) * y(t)] = X(f)\, Y(f) \tag{2.23}$$

で与えられる．すなわち，$x(t)$ と $y(t)$ の畳込み積分のフーリエ変換は，それぞれの関数の，フーリエ変換の積となる．上式で時間領域と周波数領域を入れかえると，同様にして

$$\mathcal{F}[x(t)y(t)] = X(f) * Y(f) \tag{2.24}$$

が得られる．すなわち，一方の領域における積は，他方の領域での畳込み積分に対応し，その逆も成り立つ．

　畳込み積分のもつ意味を理解するために，一方の関数 $y(t)$ を狭い等間隔の区間 Δ に分割し，その 1 つを式 (2.3) の定義を用いて矩形パルス $y(t_0)\,\delta_\Delta(t - t_0)$ で近似する．これと $x(t)$ の畳込みは，Δ が十分小さいとすれば

$$x(t) * [y(t_0)\,\delta_\Delta(t - t_0)] = y(t_0) \int_{-\infty}^{\infty} x(\tau)\,\delta_\Delta(t - t_0 - \tau)\,\mathrm{d}\tau$$
$$= y(t_0)\,x(t - t_0)$$

となり，$x(t)$ を t_0 だけ移動して $y(t_0)$ 倍したものとなる．これをあらゆる区間について加え合わせ，$\Delta \to 0$ の極限をとったものが畳込み積分である．図 **2.4** にこの概念を示す．

2.5　スペクトルと信号処理

1.　伝達関数とインパルス応答

　ここでは，線形時間不変システム (linear time-invariant system) と呼ばれるシステム $\mathcal{L}$ を考える．$\mathcal{L}$ に $x(t)$ を入力として加えたときの出力が $y(t)$ であることを

$$\mathcal{L}[x(t)] = y(t)$$

と表すものとする（図 **2.5**）．ここで，「システムが線形である」とは任意の関数 $x_1(t),\ x_2(t)$ について

$$\mathcal{L}[ax_1(t) + bx_2(t)] = ay_1(t) + by_2(t) \tag{2.25}$$

が成り立つことである．また，「システムが時間不変である」とは

$$\mathcal{L}[x(t - t_0)] = y(t - t_0) \tag{2.26}$$

が任意の t_0 に対して成り立つことである．

　このシステムに，単位インパルス関数 $\delta(t)$ を入力したときの出力を単位インパルス応答 (unit impulse response) と呼ぶ．これを $h(t)$ とする．すなわち

$$\mathcal{L}[\delta(t)] = h(t)$$

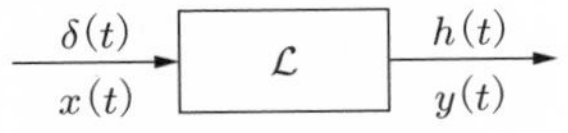

図 **2.5**　線形時間不変システム

とする．この場合，任意の入力に対する出力は，$h(t)$ を用いて計算できることを以下に示す．

システムの線形性より，入力を時間について τ だけ移動し，$x(\tau)$ 倍すると

$$\mathcal{L}[x(\tau)\,\delta(t-\tau)] = x(\tau)\,h(t-\tau)$$

が成り立つ．これをあらゆる τ について加え合わせると

$$\mathcal{L}\Big[\int_{-\infty}^{\infty} x(\tau)\,\delta(t-\tau)\,\mathrm{d}\tau\Big] = \int_{-\infty}^{\infty} x(\tau)\,h(t-\tau)\,\mathrm{d}\tau$$

となる．ここで，左辺は $\mathcal{L}[x(t)]$，すなわち $y(t)$ に等しいから，結局

$$y(t) = \int_{-\infty}^{\infty} x(\tau)\,h(t-\tau)\,\mathrm{d}\tau = x(t) * h(t) \tag{2.27}$$

と表すことができる．つまり，線形時間不変システムの出力は，入力とシステムの単位インパルス応答の畳込み積分で与えられる．$h(t)$ のフーリエ変換を $H(f)$ とすると，式 (2.27) のフーリエ変換は

$$Y(f) = X(f)\,H(f) \tag{2.28}$$

となる．この $H(f)$ をそのシステムの**伝達関数** (transfer function) と呼ぶ．

式 (2.28) から，線形時間不変システムとは，入力信号の各周波数成分を，ある定まった倍率に増幅，または減衰させるだけの働きをもつシステムであることがわかる．

情報通信システムにおいては，通信品質の向上のために，波形のひずみを最小限に抑えることが重要である．入力信号 $x(t)$ と出力信号 $y(t)$ の間に

$$y(t) = kx(t - t_d) \tag{2.29}$$

の関係が成り立つとき，入力信号波形が保存される．これを**無ひずみ伝送** (distortionless transmission) という．この条件は周波数領域では

$$Y(f) = kX(f)\,\mathrm{e}^{-\mathrm{j}2\pi f t_d} \tag{2.30}$$

と表現される．したがって，無ひずみ伝送の条件はシステム伝達関数 $H(f)$ が

$$|H(f)| = k, \quad \angle H(f) = 2\pi f t_d$$

を満たすこと，すなわち，振幅が周波数に対して平坦であり，かつ位相が周波数に関して直線的に変化することである．

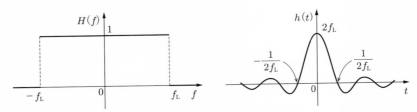

図 2.6 理想低域通過フィルタの周波数特性と単位インパルス応答

2. 理想フィルタ

線形時間不変システムの代表的なものとして，理想フィルタ (ideal filter) があげられる．これは，ある周波数範囲の信号のみをそのまま通過させ，それ以外の周波数成分を完全に減衰させるものである．例えば，理想低域通過フィルタの伝達関数は，周波数領域で

$$H(f) = \begin{cases} 1 & (|f| < f_L) \\ 0 & (|f| > f_L) \end{cases}$$

と表現される．ここで f_L を低域遮断周波数と呼ぶ．

この伝達関数の時間領域での表現は次の形となる．

$$\begin{aligned} h(t) &= \int_{-f_L}^{f_L} e^{j2\pi ft}\, df \\ &= 2f_L \frac{\sin(2\pi f_L t)}{2\pi f_L t} \end{aligned} \tag{2.31}$$

式 (2.31) は，理想低域通過フィルタの単位インパルス応答を表す．図 **2.6** にその概形を示す．

しかし，式 (2.31) の形から容易にわかるように，$h(t)$ は $t < 0$ の領域にも応答をもつ．このことは理想低域通過フィルタでは，入力が加わる前に出力が現れるという，非現実的な状態を意味する．このように $t < 0$ で 0 でないインパルス応答をもつシステムは因果的でない (non-causal) システムと呼ばれ，厳密には実現不可能であって，実際にはこの特性を近似する因果的なフィルタが用いられる．

3. パワースペクトルと自己相関関数

電圧信号 $x(t)$ を $1\,\Omega$ の抵抗負荷に加えたとき消費される電力は

$$P = \lim_{T \to \infty} \frac{1}{T} \int_{-\frac{T}{2}}^{\frac{T}{2}} x^2(t)\,\mathrm{d}t \tag{2.32}$$

で与えられる．2.1 節に述べたように，情報通信システムでは，伝送される信号の内容は時々刻々と変化するが伝送形態は一定であるような信号を不規則信号として取り扱うことが多い．

式 (2.6) に示した正弦波の直交性より，式 (2.32) は

$$P = \lim_{T \to \infty} \frac{1}{T} \int_{-\infty}^{\infty} |X(f)|^2\,\mathrm{d}f = \int_{-\infty}^{\infty} S(f)\,\mathrm{d}f \tag{2.33}$$

と書くことができる．これは平均電力が各周波数成分の 2 乗和で与えられることを意味し，パーセバルの定理 (Parseval's theorem) と呼ばれる．ここで

$$S(f) = \lim_{T \to \infty} \frac{|X(f)|^2}{T} \tag{2.34}$$

は電力を周波数スペクトルに分解したものと考えられるので，パワースペクトル密度 (power spectral density) と呼ぶ．

次に，このパワースペクトル密度の時間領域における表現を考える．式 (2.34) を逆フーリエ変換すると

$$\mathcal{F}^{-1}[S(f)] = \lim_{T \to \infty} \frac{1}{T} \int_{-\frac{T}{2}}^{\frac{T}{2}} x(t)\,x(t+\tau)\,\mathrm{d}t \equiv R(\tau) \tag{2.35}$$

が得られる．ここで，$R(\tau)$ はある信号と，それを τ だけ遅らせた信号との相関を意味するので自己相関関数 (auto-correlation function) と呼ばれる．また，このときの τ を時間遅れ (time lag) という．

式 (2.35) の関係は，ある信号のパワースペクトル密度と自己相関関数が同一の関数の異なる領域における表現であることを表しており，ウィナー–ヒンチンの定理 (Wiener–Khintchine's theorem) と呼ばれる．

式 (2.35) より

$$R(0) = \lim_{T \to \infty} \frac{1}{T} \int_{-\frac{T}{2}}^{\frac{T}{2}} x^2(t)\,\mathrm{d}t = \int_{-\infty}^{\infty} S(f)\,\mathrm{d}f \tag{2.36}$$

であることがわかる．つまり，自己相関関数の時間遅れ 0 における値は，その信号の平均電力を表す．

　通常のフーリエ変換 $X(f)$ と，パワースペクトル密度 $S(f)$ の違いは，$S(f)$ が信号の各周波数成分の位相に関する情報を含まないことである．また，$S(f)$ のフーリエ逆変換である自己相関関数 $R(\tau)$ についても，式 (2.35) の右辺で $x(t)$ を任意の時間だけ移動した $x(t - t_0)$ に置き換えても結果は変わらないことが明らかである．すなわち，$S(f)$ や $R(\tau)$ は，ある時間軸に固定された信号の具体的波形を表現するのではなく，その信号に含まれる周波数成分の統計的分布を表す関数であるといえる．この考え方は，特に不規則信号の解析において重要である．

4.　雑　音

　不規則信号の最も簡単な例としては**白色雑音** (white noise) があげられる．白色雑音とは，異なる時間における値が互いに相関をもたない不規則信号のことである．したがって，白色雑音を時間の関数として $n(t)$ で表すと，その自己相関関数 $R_n(\tau)$，およびパワースペクトル密度 $S_n(f)$ は次式で表される．

$$R_n(\tau) = \lim_{T \to \infty} \frac{1}{T} \int_{-\frac{T}{2}}^{\frac{T}{2}} n(t)\, n(t + \tau)\, \mathrm{d}t = N_0\, \delta(\tau) \tag{2.37}$$

$$S_n(f) = \int_{-\infty}^{\infty} R_n(\tau)\, \mathrm{e}^{-\mathrm{j}2\pi f \tau}\, \mathrm{d}\tau = N_0 \tag{2.38}$$

すなわち，白色雑音の自己相関関数はインパルス関数であり，パワースペクトル密度は周波数によらず一定となる．

　白色雑音の名前は，白色光がこれと同様に平坦な周波数スペクトルをもつことに由来する．ただし，式 (2.38) と式 (2.33) からわかるように，純粋な白色雑音はその振幅が有限であっても平均電力は無限大という非現実的なものとなる．現実の雑音は，有限の周波数帯域 W 内でのみ平坦な周波数特性をもちうる．

　通信においては信号電力と雑音電力の比が信号品質の重要な指標となる．この比 $P/N_0 W$ を**信号対雑音電力比** (SNR; Signal-to-Noise power Ratio)，略して **S/N 比** (S/N ratio) と呼ぶ．

演習問題

1. 次の形が周期 T で繰り返す三角波をフーリエ級数展開せよ.

$$x(t) = 1 - \frac{2|t|}{T} \qquad \left(-\frac{T}{2} < t < \frac{T}{2} \right)$$

2. 畳込み積分のフーリエ変換を表す式 (2.23)（17 ページ）を導け.

3. 理想高域通過フィルタ

$$H(f) = \begin{cases} 1 & (|f| < f_L) \\ 0 & (|f| > f_L) \end{cases}$$

の単位インパルス応答を求め, 式 (2.31)（20 ページ）で与えられる理想低域通過フィルタの単位インパルス応答と比較せよ.

―― 音楽における時間と周波数 ――

　フーリエ変換によって，ある関数を時間領域と周波数領域のいずれでも表現することができる．したがって，信号を扱う際には，いまどちらの領域で考えているか，すなわち変数は t であるか f であるかに注意することが必要で，両方が同時に変数となることは（積分変数を除いて）あってはならない．

　しかし日常生活では，その両者が混在することが普通に起きる．その代表的な例が音楽を記述する楽譜である．楽譜は，縦軸に音程（周波数）をとり，横軸に時間変化をとる．これは，人間がおよそ 0.1 秒を境として，それより短い変動を音の高さ（周波数）として，それより長い変動は時間変化として感じるという，人間の聴覚の特性にもとづいている．

　この楽譜の表記に対応するには，式 (2.11)（12 ページ）において T を有限の $T_0 \simeq 0.1$ 秒にとどめ，時間 $nT_0 \leq t < (n+1)T_0$ の範囲の周波数スペクトルを $X(f; nT_0)$ と表記すればよい．この方法を短時間フーリエ変換 (STFT; Short-Time Fourier Transform) と呼び，音声信号の解析などに用いられる．

　また，この $X(f; nT_0)$ を時間と周波数の 2 変数関数とみなし，縦軸に周波数を，横軸に時間をとって，スペクトル強度を色や濃淡で表した図をスペクトログラム (spectrogram) と呼ぶ．

第3章
アナログ変調

　本章および次章では変調について述べる．これまでの研究開発により，各種の変調方式が考案されている．大きく分けると，アナログ信号をそのまま送信するアナログ変調方式と，伝送したい情報をディジタル信号に変換してから変調を行うディジタル変調方式がある．本章ではこのうちのアナログ変調方式について述べる．

　現在では，通信のディジタル化が進み，アナログ変調を使用する通信システムは減少しているが，ディジタル変調方式を理解するうえでその基礎となるアナログ変調方式をまず理解することは重要である．

　本章では，アナログ変調方式として，正弦波の振幅に情報を載せる振幅変調 (AM) 方式，および，周波数変調 (FM) 方式と位相変調 (PM) 方式を合わせた角度変調方式について述べる．

3.1　変復調

　変調とは，通信により伝送する情報を，電波などの搬送波の上に載せることである．対して復調とは，電波の上に載せられた情報をもとの形に復元することである．例えば，音声通信の場合には，音声情報を電波に載せることが変調であり，その電波から音声情報を復元することが復調である．両者を合わせて変復調と呼ぶ．ここで，搬送波は情報を載せる信号であり，単純な正弦波状の波である．キャリア (carrier) とも呼ばれる．無線通信の場合には搬送波は電波であるが，光通信における光波，音波通信における音波など，電波以外の搬送波もある．変復調の

理論は電波以外の，他の搬送波を用いる通信にも汎用的に適用できるが，ここで
は具体例として，電波を搬送波として用いる無線通信を対象として述べる．なお，
復調に類似する言葉として**検波**という言葉がある．復調が有線通信を含むすべて
の通信において用いられるのに対し，検波は電波を用いた通信のみに用いられる．
いいかえれば，電波による無線通信を対象とする場合には両者はほぼ同義である．

　電波は，超高速 (ほぼ瞬時) かつ広範囲に伝搬し，さらにアンテナによる変換を
介して電気信号との親和性も高く，搬送波として優れた特長を有している．一方，
通信に使用する場合，適切な搬送波周波数を選択する必要がある．その理由は，
アンテナの大きさが波長と同程度になるから，また，周波数によって電波の伝搬
特性が異なるから，などである．つまり，無線通信においては，目的とする周波
数の搬送波の上に情報を載せる必要がある．

　例えば人間の音声は連続的に変化するアナログ信号である．アナログ信号をそ
のまま搬送波に載せる方式をアナログ変調方式と呼ぶ．アナログ変調方式では，
情報信号の波形にしたがって搬送波の振幅・周波数・位相などを変化させ，この
変化を復調側で検出することにより情報信号を伝送する．搬送波は正弦波状の波
である．時間を t として，情報信号を任意の波形をもつ時間信号 $s(t)$，搬送波を
$A_0 \cos(2\pi f_0 t)$ (A_0：搬送波振幅，f_0：搬送波周波数) とすると，代表的なアナログ
変調である AM，FM，PM (それぞれ詳細は後述) の変調信号は，それぞれ以下の
式で表される．また，それぞれの変調信号波形の例を図 **3.1** に示す．

- AM

$$\{A_0 + k_{\mathrm{AM}}\, s(t)\} \cos(2\pi f_0 t) \qquad (k_{\mathrm{AM}}：定数)$$

- FM

$$A_0 \cos\left[2\pi \left\{f_0 + k_{\mathrm{FM}}\, s(t)\right\} t\right] \qquad (k_{\mathrm{FM}}：定数)$$

- PM

$$A_0 \cos\left\{2\pi f_0 t + k_{\mathrm{PM}}\, s(t)\right\} \qquad (k_{\mathrm{PM}}：定数)$$

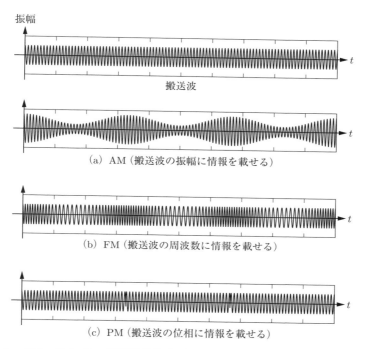

振幅

搬送波

(a) AM（搬送波の振幅に情報を載せる）

(b) FM（搬送波の周波数に情報を載せる）

(c) PM（搬送波の位相に情報を載せる）

図 **3.1**　AM・FM・PM 変調信号波形の例
（AM と FM は情報信号がアナログ正弦波の場合．PM は情報信号が離散値〔ディジタル〕の場合のもの．情報信号がアナログ信号の PM 信号波形は図 3.8，34 ページ参照）

3.2　振幅変調方式

1.　振幅変調の原理

　振幅変調 (**AM**; Amplitude Modulation) は，伝送する情報を搬送波の振幅の変化として表す変調方式である．AM 変調信号 $f_{\mathrm{AM}}(t)$ は以下で表される．

$$f_{\mathrm{AM}}(t) = A_0 \left(1 + m_{\mathrm{a}} s(t)\right) \cos\left(2\pi f_0 t\right) \tag{3.1}$$

ここで，m_{a} は**変調指数**と呼ばれる．$s(t)$ を音声のような交流信号とすると，$1 + m_{\mathrm{a}} s(t)$ の値が負となる場合もありうる．この場合には，情報信号が変調信号の波形に正しく反映されなくなり，信号のひずみが生じる．この状態を**過変調**と呼ぶ．搬送波の大きさ ($1 + m_{\mathrm{a}} s(t)$ の 1 に相当) に対する信号成分 (同 $m_{\mathrm{a}} s(t)$ に相当) の

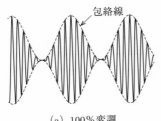

(a) 100％変調　　　　　　　　(b) 過変調

図 **3.2**　AM 変調信号の変調度と過変調
((a) 100％以下の変調の場合には, 包絡線〔振動のピークをつないだ波形, 図中の点線〕にもとの情報信号が正しく反映されるが, 100％を超えると一部の波形が正負逆転して, 包絡線が情報信号と異なるものとなる)

最大値の比を**変調度**と呼ぶが, 変調度が 100％を超えると**過変調**となる. 図 **3.2** に, (a) 変調度 100％の場合, および, (b) 過変調の場合の, AM 変調信号の波形の例を示す.

2.　振幅変調信号の周波数スペクトル

　振幅変調信号の周波数スペクトルについて考える. ここでは, 理解を容易とするために, 情報信号 $s(t)$ を周波数 f_1 の単一正弦波とし, $s(t) = \cos(2\pi f_1 t)$ とする. その場合, 式 (3.1) は, 以下に変形できる.

$$
\begin{aligned}
f_{\mathrm{AM}}(t) &= A_0\{1 + m_{\mathrm{a}}\cos(2\pi f_1 t)\}\cos(2\pi f_0 t) \\
&= A_0\cos(2\pi f_0 t) + \frac{m_{\mathrm{a}}A_0}{2}\cos\{2\pi(f_0+f_1)\,t\} + \frac{m_{\mathrm{a}}A_0}{2}\cos\{2\pi(f_0-f_1)\,t\}
\end{aligned}
$$
$$(3.2)$$

つまり, AM 変調信号は, 搬送波周波数 f_0 と $f_0 \pm f_1$ の, 3 つの周波数成分から構成されることがわかる. 図 **3.3**(a) はこの状況を周波数軸上で示している.

　一方, 情報信号が単一の正弦波ではなく一般の信号の場合には, 多くの周波数成分からなる. この場合には, 図 3.3(b) のように, 搬送波周波数を中心として左右対称に情報信号のスペクトルが現れる. AM 変調信号の周波数スペクトルにおいて, 搬送波の周辺に出現する成分を**側波帯** (sideband) と呼ぶ. また, 搬送波よりも高い周波数成分を**上側波帯**, 低い成分を**下側波帯**と呼ぶ. 図 3.3(b) に示すように, 搬送波を中心に上下 2 つの側波帯が存在することから, 情報信号が f_{L} から

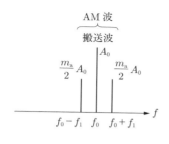

(a) 単一正弦波を情報信号とする場合

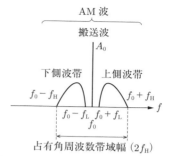

(b) 一般の信号を情報信号とする場合

図 3.3 AM 変調信号の周波数スペクトル

f_H までの周波数の信号成分をもつとすると，AM 変調信号は $2f_H$，すなわち情報信号の最高周波数成分の，2 倍の周波数帯域幅をもつことがわかる．

次に，AM 変調信号の平均電力について考える．振幅が A の正弦波の平均電力は $A^2/2$ であることを踏まえると，搬送波および上下側波帯の平均電力は，式 (3.2) から以下となる．

$$
\begin{cases}
搬送波 : \dfrac{A_0{}^2}{2} \\[2mm]
上下側波帯合計 : 2 \cdot \dfrac{m_a{}^2 A_0{}^2}{4} \cdot \dfrac{1}{2} = \dfrac{m_a{}^2 A_0{}^2}{4}
\end{cases}
$$

したがって，AM 変調信号の全信号電力 P は以下で与えられる．

$$
P = \frac{A_0{}^2}{2}\left(1 + \frac{m_a{}^2}{2}\right) \tag{3.3}
$$

この全信号電力のうち，情報伝送に用いられる信号，つまり側波帯の電力比率は $(m_a{}^2/2)/(1 + m_a{}^2/2)$ である．一方，過変調の発生を防ぐためには $m_a < 1$ が必要であり，この場合でも情報伝送に用いられる信号成分の電力は全体の 1/3 に留まる．このように AM では，送信される信号の電力の 2/3 は，情報伝送に寄与しない搬送波で消費されており，電力という観点では効率的でない．

3. 側波帯を用いた振幅変調方式

前項で示したように，AM 変調信号において搬送波は情報を運ぶものではないにもかかわらず信号電力の大部分を占めるものであり，AM は情報伝送に用いる

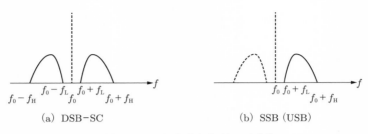

(a) DSB–SC   (b) SSB (USB)

図 **3.4**　側波帯を用いた振幅変調信号の周波数スペクトル

電力という点で非効率である.

　そこで, 電力効率を改善するためのいくつかの方法が考案されている. まず, 最初の方法は, 大きな電力を消費している搬送波を除去した**搬送波抑圧両側波帯変調** (**DSB–SC**; Double Sideband with Suppressed Carrier) である. また, DSB–SC 信号を構成する上下の両側波帯は同じ情報を有しているが, 信号伝送という点では片側の側波帯だけでも十分である. そこで, 片側の側波帯を除去し, 残りの側波帯の信号だけを用いる**単側波帯変調** (**SSB**; Single Sideband) も考案されている. 上側の側波帯を用いるものを**上側波帯変調** (**USB**; Upper Sideband), 下側の側波帯を用いるものを**下側波帯変調** (**LSB**; Lower Sideband) と呼ぶ. DSB–SC 変調信号, および SSB 変調信号 (USB) の周波数スペクトルの例を図 **3.4** に示す.

　DSB–SC 変調信号を生成するには, AM 変調信号から側波帯以外の搬送波を除去すればよい. これは, AM 変調信号を表す式 (3.2) において

$$A_0\{1 + m_\mathrm{a}\cos(2\pi f_1 t)\}\cos(2\pi f_0 t)$$

のかっこ内の 1 を除くことに相当し, したがって DSB–SC 変調信号は

$$A_0 m_\mathrm{a}\cos(2\pi f_1 t)\cos(2\pi f_0 t)$$

となる. すなわち, 搬送波に情報信号をそのままかけ合わせれば, DSB–SC 信号を生成できる.

　また, SSB 信号を生成するにはいくつかの方法があるが, その 1 つは図 **3.5** に示すようなフィルタを用いる方法である. すなわち, DSB–SC 信号の片側の側波帯をフィルタによって除去する. ただし, フィルタによる片側側波帯の除去を可能とするためには, 2 つの側波帯の間にある程度の周波数間隔が必要である. 音声

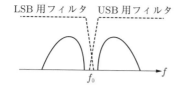

図 3.5 フィルタによる SSB 信号の発生

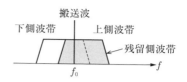

図 3.6 残留側波帯変調

信号などの場合には直流成分, および, それに近い低い周波数成分がなく, フィルタによる SSB の生成が可能である.

　一方, 情報信号によっては直流に近い周波数成分を含むものもあり, その場合には上記の方法による SSB 信号の生成は困難である. このような場合には, 図 3.6 に示すように, 伝送が必要な側波帯の直流に近い, 低い周波数成分をとりこぼさないように, もう一方の側波帯の一部まで含む周波数成分を通過域とするようなフィルタを用いて信号を生成する方法がとられる. これは, **残留側波帯変調 (VSB**; Vestigial Sideband) と呼ばれる.

4. 振幅変調信号の復調

　AM 変調信号の復調には, **包絡線検波** (envelope detection) と呼ばれる手法が適用可能である. 包絡線検波とは, 図 3.7(a) のようにダイオードで整流した後, コンデンサにより信号波形を平滑化するものである. 同図の CR 回路の時定数を情報信号 $s(t)$ の変動周期よりも十分に短く, かつ, 搬送波の半周期よりも十分長くとれば, 復調信号として AM 変調信号の包絡線に近い波形が得られる.

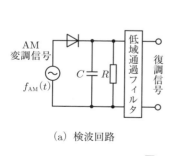

(a) 検波回路

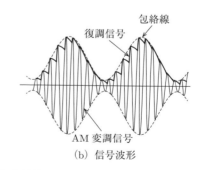

(b) 信号波形

図 3.7 包絡線検波

　包絡線検波は簡易な回路で実現可能である．ただし，包絡線検波は，搬送波を
もつ AM 変調信号にしか用いることができない．搬送波成分をもたず，包絡線波
形が伝送する情報信号波形そのものではない DSB–SC 変調信号や SSB 変調信号
などには用いることができない．

　DSB–SC 変調信号や SSB 変調信号の復調には，これらに搬送波と同じ周波数
の正弦波をかけ合わせる**同期検波** (coherent detection) が用いられる．例として
DSB–SC 変調信号を考えると，AM 変調信号の搬送波を除いたものが DSB–SC 変
調信号であり，これを $f_{\mathrm{DSB}}(t)$ と表すと，$f_{\mathrm{DSB}}(t) = A_0 m_{\mathrm{a}} s(t) \cos(2\pi f_0 t)$ となる．
この変調信号に，搬送波と同じ周波数の正弦波 $\cos(2\pi f_0 t)$ を乗じることにより，
以下が得られる．

$$
\begin{aligned}
f_{\mathrm{DSB}}\left(t\right)\cos\left(2\pi f_0 t\right) &= A_0 m_{\mathrm{a}} s\left(t\right)\cos^2\left(2\pi f_0 t\right) \\
&= \frac{A_0 m_{\mathrm{a}}}{2} s\left(t\right) + \frac{A_0 m_{\mathrm{a}}}{2} s\left(t\right)\cos\left(4\pi f_0 t\right)
\end{aligned}
\tag{3.4}
$$

この信号を低域通過フィルタに通すことにより，信号 $s(t)$ のみを取り出す．ただ
し，情報信号 $s(t)$ が正しく再生されるためには，受信側で乗じる正弦波の周波数
が送信側の搬送波と完全に一致する必要があり，受信信号からそれを得る処理が
必要となるため，簡易性という観点では包絡線検波に劣る．

5. 各種振幅変調方式の比較

　表 3.1 は，各種振幅変調方式の所要帯域幅と電力効率についてまとめたもので
ある．所要帯域幅としては SSB が他の方式の 1/2 で優れており，限定された周波
数帯域幅に対して多くの通信チャネルを確保する必要がある場合などに有効であ
る．また，電力効率は搬送波を必要とする AM が劣る．ただし，搬送波が存在す
る結果として AM には DSB–SC や SSB では使用できない簡易な包絡線検波が利

表 **3.1**　各種振幅変調方式の帯域幅と電力効率

変調方式	周波数帯域幅	最大電力効率
AM	$2f_{\mathrm{H}}$	$\dfrac{1}{3}$
DSB–SC	$2f_{\mathrm{H}}$	1
SSB	f_{H}	1

用可能であり，シンプルな受信機が求められる AM ラジオにおいて利用されている．対して，搬送波電力が必要なく情報伝送に 100% の電力を利用できる DSB–SC および SSB は，電力効率という観点では両者とも同じであるが，DSB–SC では復調において両側側波帯の信号が合成されることにより，復調後の SNR が SSB に比べて 3 dB 向上するというメリットがある．

3.3 角度変調方式

1. 角度変調の原理

振幅変調について述べた前節では搬送波を $A_0 \cos(2\pi f_0 t)$ と表したが，ここでは初期位相 θ_0 も含めてさらに一般化して $A_0 \cos(2\pi f_0 t + \theta_0)$ と表す．この搬送波の位相角 $(2\pi f_0 t + \theta_0)$ に情報信号を載せる方式を総称して**角度変調**と呼ぶ．角度変調には大別して 2 つの方式があり，f_0 に情報信号を載せる方式を**周波数変調** (**FM**; Frequency Modulation)，θ_0 に載せる方式を**位相変調** (**PM**; Phase Modulation) と呼ぶ．

例えば PM では，位相に情報を載せるので，変調信号 $f_{\mathrm{PM}}(t)$ は以下となる．

$$f_{\mathrm{PM}}(t) = A_0 \cos\left(2\pi f_0 t + m_{\mathrm{p}} s(t) + \theta_0\right) \tag{3.5}$$

ここで，$m_{\mathrm{p}} s(t)$ を位相偏移と呼ぶ．また，$(2\pi f_0 t + m_{\mathrm{p}} s(t) + \theta_0)$ を瞬時位相角として $\phi(t)$ と表すと，$\phi(t)$ の時間微分である $\dfrac{\mathrm{d}(\phi(t))}{\mathrm{d}t}$ は角周波数を与えるが，これは情報信号 $s(t)$ にともなって時間変化するものであり，以下となる．

$$\frac{\mathrm{d}(\phi(t))}{\mathrm{d}t} = 2\pi f_0 + m_{\mathrm{p}} \frac{\mathrm{d}(s(t))}{\mathrm{d}t} \tag{3.6}$$

$\dfrac{\mathrm{d}(\phi(t))}{\mathrm{d}t}$ は瞬時角周波数，さらにこれを周波数とした $\dfrac{1}{2\pi}\dfrac{\mathrm{d}(\phi(t))}{\mathrm{d}t}$ は瞬時周波数と呼ばれる．

対して，FM は瞬時周波数を情報信号 $s(t)$ にともなって時間変化させる方式であり

$$\frac{1}{2\pi}\frac{\mathrm{d}(\phi(t))}{\mathrm{d}t} = f_0 + m_{\mathrm{f}} s(t) \tag{3.7}$$

と表すことができる．この式における $m_{\mathrm{f}} s(t)$ を周波数偏移と呼ぶ．FM の瞬時位相角は，上式を積分することにより得られ，任意の定数 θ を用いて

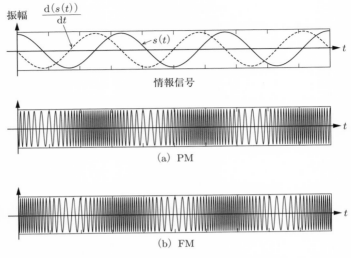

図 **3.8** 情報信号と PM および FM 変調信号波形

$$\phi(t) = 2\pi f_0 t + 2\pi m_{\mathrm{f}} \int s(t)\,\mathrm{d}t + \theta \tag{3.8}$$

となる. その結果, FM 変調信号 $f_{\mathrm{FM}}(t)$ は以下で表される.

$$f_{\mathrm{FM}}(t) = A_0 \cos(2\pi f_0 t + 2\pi m_{\mathrm{f}} \int s(t)\,\mathrm{d}t + \theta) \tag{3.9}$$

情報信号 $s(t)$, PM 変調信号 $f_{\mathrm{PM}}(t)$, FM 変調信号 $f_{\mathrm{FM}}(t)$ の時間波形の例を, 図 **3.8** に示す. 瞬時周波数 $\dfrac{1}{2\pi}\dfrac{\mathrm{d}(\phi(t))}{\mathrm{d}t}$ (または瞬時角周波数 $\dfrac{\mathrm{d}(\phi(t))}{\mathrm{d}t}$) は, PM では式 (3.6) から情報信号の時間微分である $\dfrac{\mathrm{d}(s(t))}{\mathrm{d}t}$ に, FM では式 (3.7) から情報信号 $s(t)$ そのものに, それぞれしたがって変化することになる. 図 3.8 において, $\dfrac{\mathrm{d}(s(t))}{\mathrm{d}t}$ および $s(t)$ の値が大きくなった時間に $f_{\mathrm{PM}}(t)$, $f_{\mathrm{FM}}(t)$ の時間波形が密になっており, 周波数が上昇していることがわかる.

式 (3.5) で表される PM 変調信号 $f_{\mathrm{PM}}(t)$ の表現と, 式 (3.9) で表される FM 変調信号 $f_{\mathrm{FM}}(t)$ の表現とを見比べると, 両者の差は, 情報信号をそのまま位相に反映するか, 情報信号を積分した後で位相に反映するか, だけである. つまり, 両者は本質的に同じものであるといえる. したがって, PM 変調器に情報信号 $s(t)$ そのものを入力すると PM 変調信号が得られるが, 入力の前に積分回路を通すと

FM 変調信号が得られる．逆に，FM 変調器に $s(t)$ を入力すれば FM 変調信号が，微分回路を通した後に入力すれば PM 変調信号が得られる．

　実際のアナログ変調方式として，FM は広く用いられているが PM を用いた例は多くない．例えば，FM ラジオは広く使われているが，PM ラジオは存在しない．この理由は，FM に比べて PM の変復調は一般に処理が複雑であること，また，変調信号として変化可能な範囲が PM の場合は位相に情報を載せるため $0 \sim 2\pi$ の範囲に限定される一方，周波数に情報を載せる FM の場合にはその限度がなく，より広い周波数帯域を用いることにより伝送品質の改善が可能であること（コラム，41 ページ参照），などの理由による．ただし，前述のとおり，信号の位相角の変化で情報を伝送するという両方式の本質は同じであり，例えばアマチュア無線などでは，信号を微分してから FM を行う方式 (正確には PM) も FM と呼ばれている．なお，アナログ通信としては PM は用いられていないが，ディジタル通信では PM のディジタル版である PSK(Phase Shift Keying) 方式が主流である (4.2 節 4. の 52 ページ参照)．

2. 狭帯域 FM

　振幅変調の場合と同様に，理解を容易とするために，情報信号として周波数が f_1 の単一正弦波の場合を考え，$s(t) = \cos(2\pi f_1 t)$ とする．これを式 (3.9) に代入すれば以下となる．

$$
\begin{aligned}
f_{\mathrm{FM}}(t) &= A_0 \cos\left\{ 2\pi f_0 t + \frac{m_{\mathrm{f}}}{f_1} \sin(2\pi f_1 t) + \theta \right\} \\
&= A_0 \cos\left\{ 2\pi f_0 t + m_{\mathrm{F}} \sin(2\pi f_1 t) + \theta \right\}
\end{aligned}
\tag{3.10}
$$

ここで $m_{\mathrm{F}} \equiv m_{\mathrm{f}}/f_1$ である．FM 変調信号の瞬時周波数は式 (3.7) から $f_0 + m_{\mathrm{f}} \cos(2\pi f_1 t)$ であるから，$f_0 - m_{\mathrm{f}}$ から $f_0 + m_{\mathrm{f}}$ までの間で周波数が変化することとなる．この周波数偏移の最大値 Δf を最大周波数偏移と呼ぶ．$s(t)$ が単一正弦波の場合には $\Delta f = m_{\mathrm{f}}$ となる．また，情報信号の周波数 f_1 に対する最大周波数偏移 Δf の比である上記の m_{F} を変調指数と呼ぶ．

　変調指数 m_{F} が十分に小さい FM を狭帯域 FM と呼ぶ．式 (3.10) において，簡単化のために $\theta = 0$ とすると，同式は以下に変形できる．

$$f_{\mathrm{FM}}(t) = A_0 \cos\left(2\pi f_0 t + m_{\mathrm{F}} \sin 2\pi f_1 t\right)$$
$$= A_0 \left\{\cos 2\pi f_0 t \cos\left(m_{\mathrm{F}} \sin 2\pi f_1 t\right) - \sin 2\pi f_0 t \sin\left(m_{\mathrm{F}} \sin 2\pi f_1 t\right)\right\}$$

$$(3.11)$$

m_{F} が十分に小さいことから $\cos(m_{\mathrm{F}} \sin 2\pi f_1 t) \simeq 1$, $\sin(m_{\mathrm{F}} \sin 2\pi f_1 t) \simeq m_{\mathrm{F}} \sin 2\pi f_1 t$ と近似する．これを用いると

$$f_{\mathrm{FM}}(t) \simeq A_0 \left(\cos 2\pi f_0 t - m_{\mathrm{F}} \sin 2\pi f_0 t \sin 2\pi f_1 t\right) \tag{3.12}$$

が得られる．上式第 2 項は DSB–SC 変調信号と同一の表現である．つまり，狭帯域 FM 変調信号は，搬送波と DSB–SC 信号の和と理解することができる．

ここで，式 (3.12) を複素数表現すると，以下となる．

$$f_{\mathrm{FM}}(t) \simeq A_0 \Re\left[\left(1 + m_{\mathrm{F}} \frac{e^{j2\pi f_1 t} - e^{-j2\pi f_1 t}}{2}\right) e^{j2\pi f_0 t}\right] \tag{3.13}$$

なお，$\Re[Z]$ は複素数 Z の実部を表す．一方，同様に AM 変調信号 $f_{\mathrm{AM}}(t)$ も複素数表現すれば以下となる．

$$f_{\mathrm{AM}}(t) = A_0 \Re\left[\left(1 + m_{\mathrm{a}} \frac{e^{j2\pi f_1 t} + e^{-j2\pi f_1 t}}{2}\right) e^{j2\pi f_0 t}\right] \tag{3.14}$$

これら 2 つの信号をフェーザとして図示したものを図 **3.9**(a)，(b) にそれぞれ示す．どちらも $f_0 \pm f_1$ の両側波帯を有しているが，位相が異なっており，AM 変調信号では両側波帯の和が搬送波の振幅を変化させる向きとなっているのに対して，狭帯域 FM 変調信号では振幅に直交する方向の変化，すなわち，位相の変化を与える向きとなっていることがわかる．

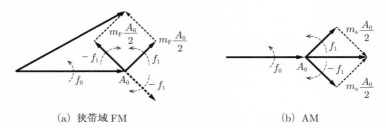

(a) 狭帯域 FM　　　　　　　　　　(b) AM

図 **3.9**　狭帯域 FM および AM 変調信号のフェーザ図

3. FM 変調信号の周波数スペクトル

次に，一般の FM 変調信号の周波数スペクトルについて考える．狭帯域 FM の場合と同様に $\theta = 0$ として，式 (3.10) を再度示すと，以下となる．

$$f_{\mathrm{FM}}(t) = A_0 \cos\left(2\pi f_0 t + m_{\mathrm{F}} \sin 2\pi f_1 t\right)$$

これを複素数表示すると以下となる．

$$f_{\mathrm{FM}}(t) = A_0 \Re\left[\mathrm{e}^{\mathrm{j} m_{\mathrm{F}} \sin 2\pi f_1 t}\mathrm{e}^{\mathrm{j} 2\pi f_0 t}\right]$$

この式に，次の第 1 種ベッセル関数に関する公式を適用する．

$$\mathrm{e}^{\mathrm{j} m_{\mathrm{F}} \sin 2\pi f_1 t} = \sum_{n=-\infty}^{\infty} J_n(m_{\mathrm{F}})\, \mathrm{e}^{\mathrm{j} 2\pi n f_1 t}$$

その結果，$f_{\mathrm{FM}}(t)$ は以下のようにベッセル関数を用いて表すことができる．

$$f_{\mathrm{FM}}(t) = A_0 \sum_{n=-\infty}^{\infty} J_n(m_{\mathrm{F}}) \cos 2\pi\left(f_0 + n f_1\right) t \tag{3.15}$$

以上より，一般の FM 変調信号の周波数スペクトルは，搬送波を中心とした $\pm n f_1$ ($n : -\infty \sim \infty$ の整数) の周波数に現れることがわかる．つまり，無限の帯域に広がることになる．さらに，第 1 種ベッセル関数 $J_n(m_{\mathrm{F}})$ は次数 n に対して以下の性質があるため，FM 変調信号の振幅スペクトルは搬送波周波数 f_0 を中心として上下対称のスペクトルとなる．

$$\begin{cases} J_n(m_{\mathrm{F}}) = J_{-n}(m_{\mathrm{F}}) & (n : 偶数) \\ J_n(m_{\mathrm{F}}) = -J_{-n}(m_{\mathrm{F}}) & (n : 奇数) \end{cases}$$

一般に，第 1 種ベッセル関数 $J_n(m_{\mathrm{F}})$ は，図 **3.10** に示すように，$n > m_{\mathrm{F}} + 1$ ではその値が小さくなる．これを踏まえると，変調指数を m_{F}，情報信号の周波数を f_1 として，FM 変調信号の帯域幅 B は

$$B = 2\left(m_{\mathrm{F}} + 1\right) f_1 = 2\left(\Delta f + f_1\right) \tag{3.16}$$

で与えられる．これをカーソン則と呼ぶ．さらに変調指数 m_{F} が十分大きい場合 ($m_{\mathrm{F}} \gg 1$) には $B \simeq 2 m_{\mathrm{F}} f_1 = 2\Delta f$ と近似できる．

例えば，図 **3.11** は，$\Delta f = 10$〔kHz〕，$f_1 = 5$〔kHz〕の場合の FM 変調信号

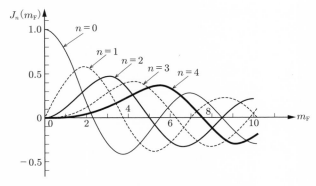

図 **3.10**　第 1 種ベッセル関数 $J_n(m_F)$

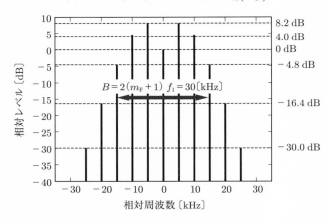

図 **3.11**　FM 変調信号のスペクトル ($m_F = 2$ の場合)

の振幅スペクトルである. ここで, $m_F = \Delta f / f_1 = 2$ であるから, $J_n(2)$ の値が $f_0 \pm n f_1$ の周波数成分の振幅を与える.

$$J_0(2) \simeq 0.22, \ J_1(2) \simeq 0.58, \ J_2(2) \simeq 0.35, \ J_3(2) \simeq 0.13, \ J_4(2) \simeq 0.03$$

これをデシベル表示[1]して搬送波周波数成分を基準 (0 dB) とすると

$$f_0 \text{ 成分}：0\,\text{dB}, \ f_0 \pm f_1 \text{ 成分}：+8.2\,\text{dB}, \ f_0 \pm 2f_1 \text{ 成分}：+4.0\,\text{dB}$$

....

[1] デシベル (decibel; dB) 表示とは, 物理量 X を基準値 X_0 との比の常用対数で表したものであり, $10\log(X/X_0)$ で与えられる.

$f_0 \pm 3f_1$ 成分：$-4.8\,\mathrm{dB}$, $f_0 \pm 4f_1$ 成分：$-16.4\,\mathrm{dB}$,

$f_0 \pm 5f_1$ 成分：$-30.0\,\mathrm{dB}$

となる．また，カーソン則を用いると，$B = 2(m_\mathrm{F}+1)f_1 = 30\,\mathrm{(kHz)}$ であり，この帯域内には $f_0 \pm 3f_1$ の成分までが含まれることがわかる[※2]．

4．FM変調信号の復調

　FM変調信号の復調には，周波数弁別器 (frequency discriminator) という回路を用いることが一般的である．周波数弁別器とは，入力信号の周波数に比例して出力電圧が変化する回路であり，原理的には図 **3.12**(a) に示す回路で実現される．

　周波数弁別器では，搬送波周波数 f_0 を中心として，上下に共振周波数が異なるが同じ周波数特性をもつ2つの帯域通過フィルタ (BPF; Band Pass Filter) を用いる．そして，両フィルタ出力の差をとるように回路を構成すれば，中心周波数 f_0 周辺では周波数に対して直線的な出力信号となる．したがって，両フィルタの共振周波数 f_a および f_b を，FM変調信号の帯域幅をカバーできるように適切に選択すれば，f_0 を含む必要周波数帯域内で入力信号の周波数に比例する電圧が出力できる．

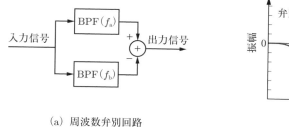

（a）周波数弁別回路

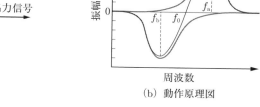

（b）動作原理図

図 **3.12**　周波数弁別器

***

[※2] $f_0 \pm 4f_1$ 成分の $-16.4\,\mathrm{dB}$ は電力次元で $1/40$ 程度であり，十分に小さく無視できる．

演習問題

1. 搬送波の振幅が A_0, 搬送波周波数が f_0, 情報信号 $s(t)$ が振幅 1 で, 周波数が f_1 の正弦波信号 $(s(t) = \cos(2\pi f_1 t))$, 変調指数が m_a の AM 変調信号 $f_{\mathrm{AM}}(t)$ は以下のように表される.

$$f_{\mathrm{AM}}(t) = A_0 \{1 + m_a \cos(2\pi f_1 t)\} \cos(2\pi f_0 t) \tag{3.17}$$

この信号のフーリエ変換 $F_{\mathrm{AM}}(f) = \mathcal{F}[f_{\mathrm{AM}}(t)]$ を求めよ.

2. 上の問題 1 において, $A_0 = 1$, $f_0 = 1$〔MHz〕, $f_1 = 100$〔kHz〕, $m_a = 0.5$ の場合の, $F_{\mathrm{AM}}(f)$ の強度スペクトルの概形を図示せよ. 正の周波数だけではなく, 負の周波数成分のスペクトルも示すこと.

   結果は合計 6 本のデルタ関数となるが, 各デルタ関数の周波数および振幅の値を図に書き込んで明示せよ.

   また, この設定において, 占有周波数帯域幅はいくらか.

3. 周波数 $f_0 = 80$〔MHz〕の搬送波を, 情報信号を周波数が $f_1 = 3$〔kHz〕の正弦波信号として FM 変調することを考える.

   変調指数 m_F を 10 とした場合に, 最大周波数偏移 Δf を求めよ. また, この信号の帯域幅 B を求めよ.

ラジオの周波数帯域幅と音声品質

AM ラジオの NHK ラジオ第 1 放送の周波数は，札幌局 567 kHz，東京局 594 kHz，大阪局 666 kHz，福岡局 612 kHz などである．これらだけからはよくわからないが，AM ラジオのチャネルは 9 kHz 間隔で配置されている[*3]．一方，NHK–FM の周波数は，札幌局 85.2 MHz，東京局 82.5 MHz，大阪局 88.1 MHz，福岡局 84.8 MHz などである．つまり，FM ラジオのチャネルは 0.1〔MHz〕= 100〔kHz〕間隔で配置されており，AM ラジオと比べると約 11 倍の差がある．これは，それぞれのラジオ放送が用いる周波数の幅 (周波数帯域幅) が異なることを意味している．

実際，両ラジオ放送の電波の占有周波数帯域幅[*4] は，それぞれ，AM は 15 kHz，FM は 200 kHz となっており，約 13 倍の差がある．伝送の対象とする情報信号は，AM ラジオでは 7.5 kHz まで，FM ラジオでは 15 kHz まで，となっており，それらより高い周波数成分はフィルタでカットされている．つまり，FM ラジオは，AM ラジオに比べて，より高い周波数成分まで伝送可能なように設定されており，その分，音質がよい．しかしながら，それに比例して，使用する帯域幅が増加する．さらに，FM では，より広い帯域を用いて情報伝送することにより，受信時の SNR を増加させる広帯域利得という効果を用いることができ，雑音の影響を低減することができる．これらの効果を用いて，FM ラジオは，AM ラジオに比べて広帯域な信号伝送を行うことにより，より高品質な音声情報の伝送を実現している．

ところで，冒頭以外の NHK ラジオ放送の周波数は，AM の NHK 第 1 放送は，仙台局 567 kHz，名古屋局 729 kHz などであるのに対して，FM は，仙台局も名古屋局も，東京局と同じ 82.5 MHz を用いている．同じ周波数の電波が受信機に到達すると，電波の干渉が生じて受信不可能となる．周波数の低い AM ラジオの電波は，地上高 50 ～ 800 km に生じる電離層により反射され遠方まで到達するが，FM ラジオの電波は電離層でほとんど反射されない (突発的な反射発生はまれにある) ため，遠方まで届かない．そのため，FM ラジオでは，AM ラジオよりも近い距離間で同一周波数を用いても問題ない．

[*3] 1978 年以前は 10 kHz であったが，国際ルールにより変更された．
[*4] 周波数スペクトルの 99％の電力が占める帯域幅．

第4章
ディジタル変復調と符号化

　　前章までは，信号を時間的にも数値的にも連続なアナログ量として取り扱ってきた．しかし連続量をそのまま伝送すると，通信路で生じるさまざまな雑音やひずみの影響を直接受け，受信側で送信側の情報を忠実に再現するのは難しい．ディジタル通信方式は，これらの問題を解決する技術として開発され，今日の通信方式の主流である．

　　本章では，まず信号のディジタル化を支える標本化についてみた後，ディジタル変調方式とその復調，複数の信号を束ねる多重化と，複数ユーザからの通信を制御して取り扱う多元接続技術について学ぶ．

　　さらに情報量の考え方と情報源の符号化手法について触れた後，通信路で生じる誤りを訂正できる誤り訂正符号について述べる．

4.1　標本化

1.　標本化定理

　　標本化，またはサンプリング (sampling) とは，連続関数を時間軸上で離散的な関数によって代表させることである．一般には，離散的な関数で連続関数のもっていた情報をすべて表すことは不可能であるが，ある条件のもとではこれが可能となる．これを示すのが以下に述べる標本化定理である．

　　「ある関数 $x(t)$ を一定の時間間隔 t_s で標本化する」という操作は，$x(t)$ に単位インパルス列

$$\delta_s(t) = \sum_{i=-\infty}^{\infty} \delta(t - it_s) \tag{4.1}$$

をかけることを意味する．これを用いると，標本化された信号 $x_s(t)$ は

$$x_s(t) = x(t)\,\delta_s(t) = \sum_{i=-\infty}^{\infty} x(it_s)\,\delta(t - it_s) \tag{4.2}$$

と表される．

表 2.1（14 ページ）に示すように，$\delta_s(t)$ のフーリエ変換は

$$\Delta_s(f) = f_s \sum_{n=-\infty}^{\infty} \delta(f - nf_s) \tag{4.3}$$

で与えられる．ここで f_s はサンプリング周波数と呼ばれ，$f_s = 1/t_s$ である．この関係を用いると，標本化された信号 $x_s(t)$ のフーリエ変換は，周波数畳込みの式 (2.24)（17 ページ）より

$$X_s(f) = X(f) * \Delta_s(f) = \frac{1}{t_s} \sum_{n=-\infty}^{\infty} X(f - nf_s) \tag{4.4}$$

と表される．すなわち，標本化された信号のフーリエ変換は，もとの信号のフーリエ変換を $1/t_s$ 倍し，f_s ずつ移動して無限に加え合わせたものである．標本化の操作と，その周波数領域における効果を図 **4.1** に示す．

このとき，$X(f)$ が $|f| > f_s/2$ で常に 0 であれば，級数の各項は周波数軸上で重なり合わないから，利得 t_s の理想低域通過フィルタ (2.5 節 2. 参照) により $|f| < f_s/2$ の成分のみを取り出せば，式 (4.4) における $n = 0$ の項，すなわち原信号が正確に再現できる．これを**標本化定理** (sampling theorem) という．

すなわち，標本化定理は，有限の周波数帯域 B〔Hz〕をもつ信号は $2B$〔Hz〕以上の速度 ($1/2B$〔秒〕以下の間隔) で標本化すれば，まったく情報量を失うことなく離散化できることを意味する．この限界の標本間隔 $1/2B$ を**ナイキスト間隔** (Nyquist interval) と呼び，$2B$ を**ナイキストの標本化周波数**と呼ぶ．

2. エイリアシング

前項では原信号が $|f| > f_s/2$ の成分をもたない場合について解説した．ここでは，この条件が満たされない場合について考える．簡単のために，原信号が単一周期信号

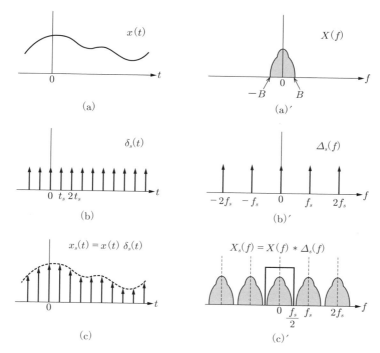

図 **4.1** 信号の標本化とその周波数領域における効果

$$x(t) = Ae^{j2\pi f_0 t} \tag{4.5}$$

であるとする[※1]．この信号のフーリエ変換は

$$X(f) = A\delta(f - f_0) \tag{4.6}$$

で与えられる．したがって，これを標本化した信号のフーリエ変換は式 (4.4) より

$$X_s(f) = \frac{A}{t_s} \sum_{n=-\infty}^{\infty} \delta(f - f_0 - nf_s) \tag{4.7}$$

となる．

....

[※1] 現実には信号は実関数であるから，式 (4.5) 右辺には，式 (3.13)（36 ページ）で示したように $\Re[\cdot]$ を付ける必要があるが，通信分野ではしばしばこれを省略して複素数のまま表記する．本書を含め，時間領域の信号や電磁界などの物理量が複素数で表されている場合には，$\Re[\cdot]$ が省略されていることに注意されたい．

　この信号を前項と同様に $f_s/2$ を遮断周波数とする理想低域通過フィルタに通す．これは，式 (4.7) の右辺各項のうち，$|f| < f_s/2$ となる成分のみを取り出すことにあたる．このとき，例えば $f_s/2 < f_0 < f_s$ とすると，取り出される周波数成分は $f_0 - f_s$ である．したがって，復元される信号は

$$\overline{x}(t) = Ae^{j2\pi(f_0 - f_s)t} \tag{4.8}$$

であり，原信号とは異なる周波数の信号となることがわかる．

　一般に，(正または負の) 任意の周波数 f_0 の信号を標本化した後，理想低域通過フィルタによって復元したときに得られる信号の周波数は，$f_0 + nf_s$ のうち絶対値の最も小さいものとなる．この現象をエイリアシング (aliasing) という．映画などで，走っている車の車輪や飛んでいる飛行機のプロペラが静止したり逆回転したりしているように見えるのは，この現象が視覚化された例である．もし信号が連続した周波数分布をもつ場合は，各周波数成分について，上の原理によりどの周波数に移動するかを考えて加え合わせればよい．

3.　量子化

　標本化されたアナログ量をディジタル量に変換するためには，量子化（quantization）を行う．量子化とは標本化された信号を，整数値に置き換えることである．整数値は通常，**2 進符号化**[*2]される．量子化には，整数値に対応するアナログ量の範囲を等間隔で行う均一量子化（線形量子化ともいう）（図 **4.2**）と，不等間隔で量子化する不均一量子化（非線形量子化ともいう）がある．均一量子化で n ビットの 2 進符号に変換する場合，信号の振幅変化幅の最大値を $\pm A$ とすると，量子化ステップ h は $2A/(2^n - 1)$ となる．

　任意の実数値をとれるもとのアナログ信号と，量子化されたディジタル信号の間には差 ε が存在する．ε は一種の誤差，もしくは雑音とみなすことができ，量子化誤差あるいは量子化雑音という（図 **4.3**）．量子化されたレベルと，もとのアナログ信号との差の 2 乗平均値を量子化雑音電力という．均一量子化の場合，前述の量子化ステップ h に対する量子化雑音電力は $h^2/12$ となる．

[*2] 2 値（1 か 0）で構成される 2 進数で表された符号．

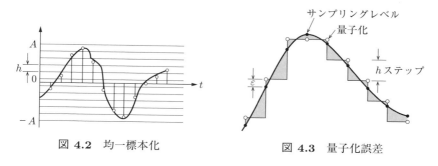

図 4.2 均一標本化　　　　図 4.3 量子化誤差

4. PCM

　前述の量子化を行った後，これを 2 進符号に変換した信号列を送る通信方式が **PCM** (Pulse Code Modulation) である．PCM 信号は，主としてアナログの音声や楽曲を，この後に述べる A/D 変換を施すことによって生成される．

　送信された PCM 信号はディジタルのフォーマットのまま中継でき，劣化が発生しない．このため，通常多段の中継をともなう公衆通信網における音声伝送では，PCM が幅広く利用されてきた．一方，最近では移動通信システムを中心に高度なディジタル符号化によって，より情報圧縮された伝送が広く行われてきている．

　PCM は記録媒体でも広く用いられている．ディジタルで記録すると何度再生してもまったく同じ信号が取り出せるので，CD や DVD など高度に忠実性が要求される（＝ 高い S/N 比と広いダイナミックレンジ[※3]が求められる）メディアの場合には，サンプリング周波数を高く，量子化ビット数を大きく確保して PCM 符号化すれば，良質の信号の記録・再生が可能である．

5. A/D, D/A 変換

　A/D 変換器は，アナログ信号を定められたサンプリング周波数で標本化し，指定されたビット数で 2 進符号化するものである．いまアナログの入力信号電圧を A_s，比較に用いる基準電圧を A_{ref} とし，A_s/A_{ref} を n ビットの 2 進ディジタル信号 $D(0 \leq D < 1)$ で量子化して，符号化する場合を考える．このとき D は以下のように表現される．

※3 信号の最大値と最小値の比率.

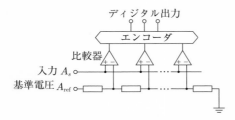

図 4.4　フラッシュ型 A/D 変換器の構成

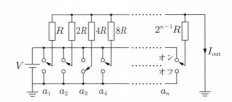

図 4.5　加重抵抗型 D/A 変換器の構成

$$D = \frac{a_1}{2^1} + \frac{a_2}{2^2} + \cdots + \frac{a_n}{2^n} \qquad (a_i \in \{0, 1\}, \ i = 1, 2, \ldots, n) \tag{4.9}$$

ここで，a_1 は最も影響力が大きいビットであり，**MSB** (Most Significant Bit) と呼ばれ，逆に a_n は最も影響力が小さいビットであり，**LSB** (Least Significant Bit) と呼ばれる．A/D 変換された結果は基準電圧の何倍かを示しているため，単位のない無次元量である．単純なフラッシュ型 **A/D 変換器**の構成を図 **4.4** に示す．基準電圧を抵抗で分圧し，それぞれの分圧された電圧値と入力電圧を比較器で比べ，エンコーダを通じディジタル値として出力される．フラッシュ型 A/D 変換器は高速動作が可能であるが，$n^2 - 1$ 個の比較器が必要となる．

　一方，**D/A 変換器**は，A/D 変換器とは逆に 2 進符号のディジタル信号をアナログ信号に変換するものである．原理的には，上の式 (4.9) で表現されたディジタル信号 D に対し，各ビットの大きさに比例する電圧または電流をつくり，それを加え合わせればよい．例えば，図 **4.5** に示すように，それぞれのビット a_i に対応するスイッチを用意し，1 に対してはオンに，0 に対してはオフにすることにより，各抵抗 $R, 2R, \ldots, 2^{n-1}R$ に流れる電流をオン／オフできる．この結果，合成電流 I は

$$I = \frac{2V}{R}\left(\frac{a_1}{2^1} + \frac{a_2}{2^2} + \cdots + \frac{a_n}{2^n}\right) = \frac{2V}{R}D \tag{4.10}$$

となる．この方式の D/A 変換器は，**加重抵抗型 D/A 変換器**と呼ばれている．この変換器の場合，ビット数が多くなると使用する抵抗の範囲が広くなるため，最小の抵抗 R の精度は，最大の抵抗 $2^{n-1}R$ の 2^n 倍の精度が必要となる．

4.2　ディジタル変調方式

1.　ベースバンド伝送と RF 伝送

　標本化と量子化によって 2 進符号で表現されたディジタル情報は，電気信号や光信号として伝送される．そのための伝送方式としては，アナログ信号と同様に，ベースバンド上にそのまま情報を伝送する**ベースバンド伝送**（または**基底帯域伝送**）と搬送波に変調を施して帯域通過信号を伝送する **RF 伝送**（または**帯域伝送**）の 2 種類がある．いずれの伝送においても，1 または複数のビットが，ある伝送波形 (シンボル) にマッピングされて伝送される．シンボル周期を T_s とすると，k 番目 $(k = 0, 1, \ldots)$ に伝送するディジタル情報に対応するシンボル波形は時刻 $kT_s \leq t < (k+1)T_s$ の間，継続する．

　ベースバンド伝送は主に有線伝送で用いられる．図 **4.6** は，$\{0, 1\}$ の 2 値をそのままシンボルにマッピングする，代表的なベースバンド伝送の信号波形例である．(a) のようにシンボルの後半に振幅を 0 に戻す方式を RZ (Return to Zero) 方式，(b)，(c) のようにシンボル区間で振幅が変化しない方式を NRZ (Non Return to Zero) 方式という．(a)，(c) はビット 1, 0 を $+1, -1$ のパルスに対応させ，(b) は $+1, 0$ のパルスに対応させている．

　対して，RF 伝送は，無線伝送のほぼすべてと有線伝送で用いられている．アナログの信号伝送（3.1 節参照）と同様，搬送波が有する振幅・周波数・位相を送信情報に応じて変化させる．ここで搬送波を

$$f(t) = \Re[A_0 e^{j(2\pi f_0 t + \theta_0)}] = A_0 \cos(2\pi f_0 t + \theta_0)$$
$$= A_0 \cos\theta_0 \cos 2\pi f_0 t - A_0 \sin\theta_0 \sin 2\pi f_0 t$$
$$= A_I \cos 2\pi f_0 t - A_Q \sin 2\pi f_0 t \tag{4.11}$$

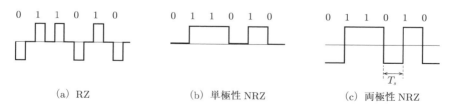

|　(a)　RZ　|　(b)　単極性 NRZ　|　(c)　両極性 NRZ　|

図 **4.6**　ベースバンド信号の例

で示す．A_0, f_0, θ_0 はそれぞれ搬送波の振幅，周波数，位相を表している．ディジタル変調では，シンボル周期 T_s ごとに，これらのシンボルの情報に対応した必要な振幅，周波数，位相パラメータを変化させてシンボル波形を形成して伝送する．

このディジタル信号は式 (4.5)（45 ページ）のような複素信号表現を用いると理解しやすい．すなわち，シンボルの振幅と位相を，複素空間上で時間 t の関数として

$$e(t) = A_I(t) + jA_Q(t) \tag{4.12}$$

の形で表す．$e(t)$ は**等価低域信号**と呼ばれる[4]．ASK，PSK，QAM では，シンボル区間の間，$e(t)$ は固定であり，その場合 $e(t)$ の座標は信号点と呼ばれる．すべてのシンボルに対応する信号点の配置はしばしばコンスタレーションと呼ばれる[5]．図 **4.7** は複素平面において実軸から $\pi/4$ だけシフトした信号点を示した例である．ここで，実軸は **I** チャネル，虚軸は **Q** チャネルと呼ばれる．一方，FSK や OFDM のように，1 シンボル区間の間，$e(t)$ が変動するケースもある．

周波数 f_0 を有する搬送波に，このシンボルを載せた複素帯域通過信号は

$$x(t) = (A_I(t) + jA_Q(t))\, e^{j2\pi f_0 t} \tag{4.13}$$

となるが，明らかに

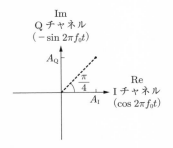

図 **4.7** 実軸から $\pi/4$ だけシフトした等価低域信号の信号点の例

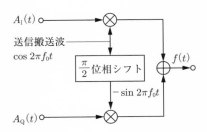

図 **4.8** 搬送波にシンボル情報を載せる変調

---

[4] $e(t)$ はしばしば（複素）ベースバンド信号と呼ばれることもある．ベースバンド伝送と混乱のないよう注意されたい．

[5] 7.4 節も参照されたい．

$$\Re[x(t)] = A_{\mathrm{I}}(t)\cos 2\pi f_0 t - A_{\mathrm{Q}}(t)\sin 2\pi f_0 t = f(t) \tag{4.14}$$

と，式 (4.11) と対応する．このことから，I チャネル成分 $A_{\mathrm{I}}(t)$ は，搬送波における $\cos 2\pi f_0 t$ の成分，Q チャネル成分 $A_{\mathrm{Q}}(t)$ は，搬送波における $-\sin 2\pi f_0 t$ の成分であると解釈できる．すなわち搬送波に変調を施す際には，I, Q の両チャネルに独立して情報を載せることが可能である．

この変調のしくみを図 **4.8** に示す．シンボルの情報 $A_{\mathrm{I}}(t)$ と $A_{\mathrm{Q}}(t)$ はそれぞれ搬送波 $\cos 2\pi f_0 t$ と，それを $\pi/2$ シフトした $-\sin 2\pi f_0 t$ を乗じて加算された信号が，帯域通過信号 $f(t)$ として通信路に送出される[*6]．以下，これらの記述にもとづいて各種変調方式について説明する．

2. ASK

変調として振幅のみを変化させる方式を **ASK**（Amplitude Shift Keying）と呼ぶ．情報信号を $s(t)$ とすると，変調された信号 $f_{\mathrm{AM}}(t)$ は

$$f_{\mathrm{AM}}(t) = A_0\{1 + ms(t)\}\cos(2\pi f_0 t) \tag{4.15}$$

と書くことができる（式 (3.1)，27 ページ参照）．ここで，$s(t)$ として 2 値のディジタル信号をそのまま用いる場合を **2 値 ASK** と呼ぶ．例えば，情報の 0 と 1 に対して $s(t)$ がそれぞれ -1 と 1 の値をとる NRZ 信号とすると，$m = 1$ のとき $f_{\mathrm{AM}}(t)$ の振幅は 0 と $2A_0$ の 2 値をとることになる．この場合を特にオンオフキーイング（**OOK**; On–Off Keying）と呼ぶ．その波形の例を図 **4.9** に示す．OOK は位相情報を用いず，振幅のみを変化させる簡単な変調方式であるが，0 が連続するとその間は搬送波が途絶することになるので，そのまま単独で用いられることは少ない．

2 値 ASK に対して，2 ビット以上の信号を 1 単位とし，それを多値の振幅で表現することも可能である．ただし，n ビットを単位とする場合には，$m = 2^n$〔種類〕

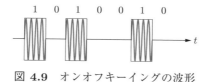

図 **4.9** オンオフキーイングの波形

[*6] 具体的な回路構成については 7.4 節を参照されたい．

の振幅を切り替えることが必要である．この方式は m 値 ASK（m–ary ASK）と呼ばれ，2 値 ASK の n 倍の情報伝送速度をもつが，その分，雑音による誤りが起きやすく，必要な S/N 比は 2 値 ASK に対し m^2 倍となる[*7]．

3. FSK

搬送波の瞬時周波数 f_0 を変化させる変調方式が **FSK**（Frequency Shift Keying）である．アナログにおける FM 変調の場合と同様，この方式では振幅が一定であるため，通信路における振幅変動や雑音の影響を受けにくいという利点をもつが，占有帯域幅が広いという問題がある．占有帯域幅を狭くするためには周波数を切り替える点で位相が連続であることが望ましい．この条件を満たす FSK を **CPFSK**（Continuous Phase FSK）と呼ぶ．

特に最もよく用いられるのは 2 種類の周波数 f_1 と f_2 を切り替える **2 値 FSK** である．この場合，受信器ではどちらの周波数が送られたかを判別する必要がある．この判別を正しく行うためには，符号のシンボル周期を T_s として

$$\int_0^{T_s} \cos(2\pi f_1 t) \cdot \cos(2\pi f_2 t)\, \mathrm{d}t = 0 \tag{4.16}$$

の直交条件を満たすことが望ましい．この条件は周波数 f_1 の信号を f_2 だと思って同期検波したときの出力が 0 になることを意味する（逆も同じ）．また，占有帯域幅をなるべく狭くしつつ，式 (4.16) の条件を満たすには，$\Delta f = f_2 - f_1 \ll f_1$ の条件下で，$\Delta f = 1/2T_s$，すなわち $f_2 = f_1 + 1/2T_s$ とすればよい．この場合の変調方式は特に **MSK** (Minimum Shift Keying) と呼ばれる．図 **4.10** はその波形の一例である．

4. PSK, QAM

周波数のかわりに，位相を変化させるのが，**PSK**（Phase Shift Keying）方式で

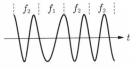

図 **4.10** MSK 変調波形

[*7] 雑音による誤りの影響については 4.3 節 3. を参照されたい．

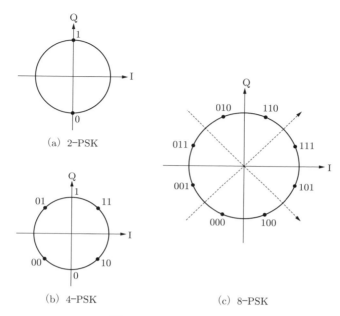

(a) 2-PSK

(b) 4-PSK

(c) 8-PSK

図 **4.11**　PSK 信号の例

ある．PSK の場合，用いる位相の数によって 2 相 PSK（BPSK; Binary PSK），
4 相 PSK（QPSK; Quadri PSK）などの種類がある．図 **4.11** はそれらの波形の例
である．ここで用いる位相は通常，均等に配置するので，BPSK では $\pi/2$ と $3\pi/2$，
QPSK では $\pi/4, 3\pi/4, 5\pi/4, 7\pi/4$ となる．用いる位相の数が増え，多値になるほ
ど，1 シンボル上に多くの情報を載せられるため，1 ビットの情報を伝送するため
に必要な帯域は小さくできるが，多値 ASK の場合と同様，雑音による誤りは起き
やすくなる．

　M 相 PSK 信号は以下の式で表現される．

$$f_{\mathrm{PSK}}(t) = A_0 \cos(2\pi f_0 t + \Phi) \qquad \left(\Phi = 2\pi \frac{m}{M} + \theta_0\right) \qquad (4.17)$$

ただし，m は信号位相に対応する整数 $(0 \le m \le M-1)$ である．

　情報伝送量をさらに増大させるためには，振幅と位相の両方を変化させる方式
が有効である．その中で最もよく用いられるのが **QAM**（Quadrature Amplitude
Modulation）である．QAM では式 (4.12) において $A_{\mathrm{I}}, A_{\mathrm{Q}}$ それぞれを ASK 変調

した波形によって生成される．各項に m 値 ASK を用いると，$M = m^2$ 値が表現できる．これを **M 値 QAM**（M–ary QAM）と呼ぶ．M 値 QAM 信号は以下の式で表現される．

$$f_{\mathrm{QAM}}(t) = A_{\mathrm{I}_i}(t)\cos 2\pi f_0 t - A_{\mathrm{Q}_i}(t)\sin 2\pi f_0 t \tag{4.18}$$

ただし，$A_{\mathrm{I}_i}(t), A_{\mathrm{Q}_i}(t)$ は，それぞれ i 番目 $(0 \leq i \leq M - 1)$ の信号点に対応する I チャネル，Q チャネルの各振幅成分である．

各種 QAM の位相振幅平面におけるコンスタレーションを図 **4.12** に示す．(a) からわかるように，4 値 QAM は 4 相 PSK と同一の方式となるが，それより多値の場合（(b)，(c)，(d)）は，QAM のほうが位相振幅平面における各符号点間の距離が PSK より大きくとれるため，一般に低い誤り率を得ることができる[8]．

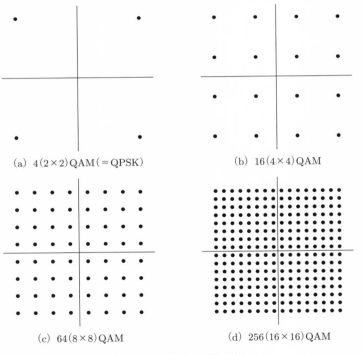

(a) 4(2×2)QAM(＝QPSK)　　(b) 16(4×4)QAM

(c) 64(8×8)QAM　　(d) 256(16×16)QAM

図 **4.12**　QAM 信号の例

....

[8] もちろん必要な S/N 比は大きくなる．

5. OFDM

PSK, QAM 等の方式では，広帯域な伝送を実現するためには，コンスタレーションを複雑にするとともに，シンボル周期を短くして高い情報伝送速度を確保するアプローチがとられる．一方，電波は直接波のみが到来するわけではなく，周囲の建物や地形による反射が避けられず，その結果，マルチパス伝搬遅延が生じる[*9]．しかし，シンボル周期を短くすれば，遅延をともなった複数の到来電波が次のシンボルに影響を与えやすくなり，復調性能に影響が生じる．そこで発想を転換し，シンボル周期を比較的長くとるかわりに，複数のシンボルを直交性を確保しつつ，搬送波周波数を少しずつオフセットして多数多重化することで，結果的に高い情報伝送速度を確保する方式が考案された．これが **OFDM**（Orthogonal Frequency Division Multiplexing）である．

1 シンボルの等価低域，ならびに帯域通過 OFDM 信号 $e_{\mathrm{OFDM}}(t), f_{\mathrm{OFDM}}(t)$ は式 (4.12)，式 (4.13) の記法にしたがって

$$
\begin{cases}
e_{\mathrm{OFDM}}(t) = \dfrac{1}{\sqrt{N}} \displaystyle\sum_{n=0}^{N-1} b_n\, \mathrm{e}^{\mathrm{j}2\pi n\Delta f t} \\[2ex]
f_{\mathrm{OFDM}}(t) = \Re[e_{\mathrm{OFDM}}(t)\, \mathrm{e}^{\mathrm{j}2\pi f_0 t}]
\end{cases}
\tag{4.19}
$$

と表される．ここで N は信号の多重数，$\Delta f = 1/T_s$，b_n は n 番目の周波数オフセット $\mathrm{e}^{\mathrm{j}2\pi n\Delta f t}$ に対応した式 (4.12) の形で表される複素データシンボルである．OFDM 等価低域信号 $e_{\mathrm{OFDM}}(t)$ を標本化周期 $1/N\Delta f$ で標本化すると，1 シンボル間に N 個の標本化を行うこととなり，その k 番目の標本値は以下の式で表現される．

$$
e_{\mathrm{OFDM},k} = e_{\mathrm{OFDM}}\left(\frac{k}{N\Delta f}\right) = \frac{1}{\sqrt{N}} \sum_{n=0}^{N-1} b_n \left(\mathrm{e}^{\frac{\mathrm{j}2\pi}{N}}\right)^{nk}
\tag{4.20}
$$

本式は，式 (2.13) で記述された逆フーリエ変換の離散形式であり，**IDFT**（Inverse Discrete Fourier Transform）と呼ばれる．すなわち，$e_{\mathrm{OFDM},k}(k = 0, 1, .., N-1)$ は周波数成分 b_n が IDFT によって変換され，時間軸の信号として並列に出力される．これを直列化した信号列が搬送波で変調され，OFDM 送信信号となる．受信側ではこの逆演算を行い，時系列で受信される受信信号を直並列変換した後，式 (2.12) で

[*9] 5.6 節参照．

記述されたフーリエ変換の離散形式であるフーリエ変換，DFT（Discrete Fourier Transform）によって，N 個の複素データシンボルを取り出すことができる.

IDFT の異なる成分 $(e^{j2\pi/N})^{nk}(n = 0,\ldots,N-1)$ 間は，すべて直交していることから，これらの成分は互いに干渉することなく重畳が可能である[10]. この各成分はサブキャリアとも呼ばれる. まとめると，1 シンボルの OFDM 信号は N〔個〕の周波数スペクトルに対応する複素データシンボルを IDFT によって時系列信号にすることで得られ，逆にこの時系列信号を DFT 演算することで得られる周波数スペクトルが復調信号になる. ここで，各複素データシンボルは，前述した各種の変調方式 (例えば，PSK, QAM) で変調されたシンボルである.

DFT および IDFT は多くの演算を必要とするが，N が 2 のべき乗のときには効率に優れたアルゴリズムである高速フーリエ変換（FFT; Fast Fourier Transform），および高速逆フーリエ変換（IFFT; Inverse FFT）が適用可能なので，実用的な演算量で OFDM の変復調演算を行うことが可能である.

OFDM では 1 シンボルに N 個の複素データを重畳する一方で，1 シンボルの周期 T_s は他の変調方式に比較して長い. OFDM のスペクトルは，図 4.13 に示されるように，与えられた帯域内に多くのサブキャリアが非常に稠密に構成され

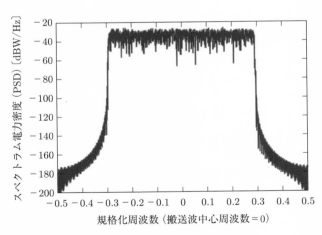

図 4.13　OFDM 信号のスペクトラム

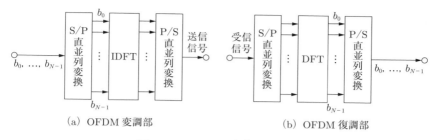

図 **4.14** OFDM 変復調構成図

ているのが特徴である．この周波数利用効率の高さから，OFDM は現代の通信システムである無線 LAN，第 4 世代，第 5 世代移動通信システム，地上ディジタルテレビ放送など幅広い分野で用いられている (コラム，78 ページ参照)．

　実際の OFDM では，1 シンボルの後半の一部をコピーしてシンボルの前に配置するサイクリックプレフィックスという区間を設けている．これによって前シンボルの遅延波の遅延量がサイクリックプレフィックス区間内である限り，次の OFDM シンボルにおよぼすシンボル干渉を避けることができる．OFDM の変調，復調の構成図を図 **4.14** に示す．

4.3　ディジタル信号の復調

1.　復　調

　変調された信号が伝送され，受信器で受信されたとき，それよりもとのベースバンド信号（等価低域信号）を復元して送信情報を推定することを復調と呼ぶ．前節で説明された各種ディジタル変調信号は受信器にて標本化され，離散値として復調処理が行われる．3.1 節でも触れられているとおり，特に無線通信における復調はしばしば検波と呼ばれる．以下，用語として検波を用いる．

　検波には，送信側の搬送波の周波数と位相を正しく推定し，これを用いて復調する同期検波と，搬送波推定を行わない非同期検波がある．現在では性能の観点から同期検波が主に用いられている．

(1) 同期検波

　図 4.8（50 ページ）で示したように，ディジタル変調によって生成され，搬送

波信号として送信された信号は，受信器において，搬送波帯域から基底帯域に変換される．このとき送信搬送波が $\cos(2\pi f_0 t + \theta)$ であったとすると，受信側では復調を行う前提として，搬送波周波数 f_0 ならびに初期位相 θ を正確に推定することが必要である．これを搬送波位相同期 (carrier synchronization) という．

同期検波では，受信信号に同期した搬送波を乗じる．いま簡単のために，初期位相 θ は 0 とし，受信側で搬送波 f_0 が正確に推定でき，再生できたとすると，再生基準搬送波から得られる $\cos 2\pi f_0 t$，ならびに位相シフトした $-\sin 2\pi f_0 t$ 信号を受信信号に乗じ，それぞれ低い周波数のみを通過させるローパスフィルタを通すことで，シンボルの情報 $A_{\mathrm{I}}(t)$ と $A_{\mathrm{Q}}(t)$ を復調することができる．いま，受信信号を $f(t) = A_{\mathrm{I}}(t)\cos 2\pi f_0 t - A_{\mathrm{Q}}(t)\sin 2\pi f_0 t$，再生された搬送波から抽出された $\cos$ 成分を $\cos 2\pi f_0 t$ とすると，その積は

$$
\begin{aligned}
&(A_{\mathrm{I}}(t)\cos 2\pi f_0 t - A_{\mathrm{Q}}(t)\sin 2\pi f_0 t)(\cos 2\pi f_0 t) \\
&= \frac{A_{\mathrm{I}}(t)}{2}(1 + \cos 4\pi f_0 t) - \frac{A_{\mathrm{Q}}(t)}{2}\sin 4\pi f_0 t
\end{aligned}
\tag{4.21}
$$

となり，ベースバンド成分と 2 倍の高調波成分が含まれた信号となる．したがってローパスフィルタを用いて後者を取り除けば，所望の $A_{\mathrm{I}}(t)/2$ 成分を得ることができる．$-\sin 2\pi f_0 t$ を乗じれば，同様に $A_{\mathrm{Q}}(t)/2$ 成分を得る（図 4.15）．

搬送波帯域で搬送波の周波数・位相を推定するかわりに，誤差を許し，ある一定の基準搬送波でまず受信信号をベースバンドに変換し，ベースバンド上で必要な周波数・位相のずれの補正を行う方式もよく用いられる．これは準同期検波と呼ばれる．

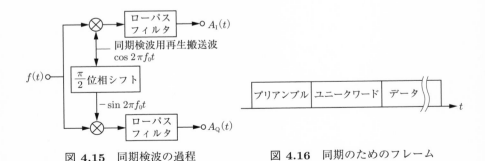

図 4.15　同期検波の過程

図 4.16　同期のためのフレーム
フォーマットの例

　送信搬送波再生のための搬送波位相同期には，**PLL**（Phased Locked Loop）という回路が用いられる．本同期をすみやかに確立させるため，あるブロック長単位に伝送情報を区切ってバースト的な通信を行う通信システムでは，しばしば送信フレームの先端にプリアンブルと呼ばれる定型信号（例えば，位相が一定になるシーケンスや，ある決まった系列）を配置し，これによって早い搬送波位相同期を図っている．

　加えてディジタル変調信号は，周期 T_s でシンボルが連なる．したがって正しい復調のためには，シンボル周期 T_s，ならびにシンボルが切り換わるタイミングを正確に推定することが必須である．これは**クロック同期**（clock synchronization）と呼ばれる．本同期のため，通信システムではしばしばプリアンブルに引き続き，ある長さのユニークワードと呼ばれる決まったシンボル列を配置し，これを利用してシンボルの切換えタイミングを検知することにより，クロック同期を図っている（図 **4.16**）．

　一方，1 シンボル前の信号との位相変化に，信号を載せて送信し，受信側では 1 シンボル前の信号との差をとることで復調を行う**遅延検波**と呼ばれる方式もある．これは搬送波再生を必要としない検波方式である．ただし，誤りが生じた際に影響が次のシンボルに伝搬することに加え，雑音も伝搬するため特性は劣化する．

(2) 非同期検波

　非同期検波は，搬送波をまったく再生せずに復調を行う方式である．例えば ASK の受信信号 $A(t)\cos 2\pi f_0 t$ を非線形素子等による 2 乗回路に通すと

$$(A(t)\cos 2\pi f_0 t)^2 = \frac{A(t)^2}{2}(1 + \cos 4\pi f_0 t) \tag{4.22}$$

となる．これから 2 倍の高周波成分をローパスフィルタを用いて取り除けば，$A(t)^2/2$ 成分を得ることができる．非同期検波は概して回路構成が簡単になるが，性能は同期検波より劣る．

2. 整合フィルタとビット誤り率

　通信路では通常，雑音が付加されるが，その下で通信路の評価指標として用いられるものが信号対雑音電力比（SNR または S/N 比）である[*11]．一般にある信号

[*11] 2.5 節 4. の 22 ページ参照．

伝送の帯域幅を B〔Hz〕と仮定して，その帯域に含まれる信号のエネルギーと雑音のエネルギーとの比で S/N 比を定義する．

　しかし，S/N 比だけでは情報伝送速度が考慮されていないので，情報 1 ビットを伝送する際のエネルギーを E_b とし，1 Hz あたりの雑音エネルギーを N_0 として，その比を E_b/N_0 として定義する．また，変調にともない，1 シンボルを伝送する際のエネルギーを E_s として，同様に E_s/N_0 として定義する．BPSK 信号 (53 ページ参照) では 1 シンボルに 1 ビットを載せるので $E_s = E_b$ である．これらの指標を用いて，次項で述べるビット誤り率が求められる．

　受信信号を復調する際には受信信号のエネルギーを効率的に取り出し，S/N 比を高くできる手法をとることが望ましい．これを実現するのが，**整合フィルタ**，またはマッチドフィルタ (matched filter) である．整合フィルタの等価低域インパルス応答 $h(t)$ は，信号波形を $e(t)$，シンボル長を T_s とするとき

$$h(t) = ke^*(T_s - t) \tag{4.23}$$

で与えられる．ここで $*$ は複素共役[*12]，k は定数を表す．すなわち，整合フィルタとは，信号波形の時間を反転させてシンボル長だけ遅延させたものである．この整合フィルタに $e(t)$ を通すと，その出力 e_{out} は，畳込み演算によって

$$e_{out}(t) = \int_{-\infty}^{\infty} e(\tau)\, h(t - \tau)\, d\tau = k \int_{-\infty}^{\infty} e(\tau)\, e^*(\tau - t + T_s)\, d\tau \tag{4.24}$$

となり，時刻 $t = T_s$ のとき

$$e_{out}(T_s) = k \int_{-\infty}^{\infty} |e(\tau)|^2\, d\tau = kE_s \tag{4.25}$$

となる．この結果より，整合フィルタの出力は信号の波形に無関係であることがわかる．また，式 (4.25) より，整合フィルタ出力は受信側であらかじめ参照信号 $e^*(t)$ を用意し，それと受信信号を乗じて積分する（すなわちこの区間で相関をとる）ことで得られることがわかる．これは**相関検波**とも呼ばれる．

3. BPSK の誤り確率

　図 **4.17** は，信号点 $A, -A$ からなる BPSK 信号を例として，復調で誤りが生じる事象を説明したものである．いま A を送信したとすると，通信路では雑音 N_0

[*12] 複素数 $x = a + bj$ の複素共役は $x^* = a - bj$ である．

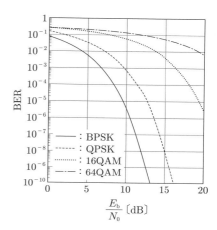

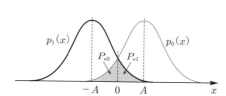

図 **4.17** BPSK 同期検波時の確率密度関数

図 **4.18** 各通信方式のビット誤り率の理論値

にしたがった分散 σ をもつガウス分布によって受信信号の確率密度分布が定まる．BPSK 信号の場合，$\sigma^2 = N_0/2$ である．判定はちょうど中央の 0 との大小で行われる．A を送信した場合，0 より小さい値として受信されたとすれば，誤りが生じることになる．したがって誤り率 P_e は，A と $-A$ が確率 1/2 で送信されたとして，それがしきい値 0 を超える確率として

$$
\begin{aligned}
P_e &= \frac{1}{2} P_{e0} + \frac{1}{2} P_{e1} \\
&= \frac{1}{2} \int_{-\infty}^{0} p_0(x)\, \mathrm{d}x + \frac{1}{2} \int_{0}^{\infty} p_1(x)\, dx \\
&= \frac{1}{2} \operatorname{erfc}\left(\sqrt{\frac{E_b}{N_0}} \right)
\end{aligned}
\tag{4.26}
$$

となる．ここで erfc(·) は誤差補関数で

$$
\operatorname{erfc}(x) = \frac{2}{\sqrt{\pi}} \int_{x}^{\infty} e^{-t^2}\, \mathrm{d}t
\tag{4.27}
$$

である．P_e は 1 ビットを送ったときに誤りが生じる確率であり，ビット誤り率（**BER**; Bit Error Rate）と呼ぶ．

図 4.18 は，各種ディジタル変調の BER 特性を示したものである．変調方式によって BER 特性は異なり，また，E_b/N_0 が大きくなるほど BER は小さくなる．

しかし，いくらでも BER がよくなるわけではなく，伝搬路の遅延特性や受信回路内の雑音等によって，それ以上，BER が改善されないエラーフロアと呼ばれる現象を生じることがある．

4.4 多重化・多元接続

4.2 節ではディジタル信号を用いて搬送波を変調する方法について学んだ．しかし，同じ通信先に対して複数のディジタル信号を送ろうとする際，独立に別々の無線帯域を使ったり，有線の場合にすべて別の光ファイバを使って伝送するのは非効率で，先に複数信号を束ねてから相手に送るべきであろう．これが**多重化**である．併せて，複数の送信者が無線周波数などの通信資源を共有し，ある通信局にアクセスする**多元接続**も重要である．本節では多重化・多元接続に関する技術を説明する．システム面に関しては第 6 章に詳述されているので参照されたい．

1. 単信・複信

通信は，その方向性によって，送信者から受信者へ一方向のみの通信を提供する**単信**（simplex）方式と，通信する 2 者がお互いに，同時に，通信し合うことが可能な**複信**（duplex）方式に分けられる．単信方式の例として，1990 年代に普及したページャ（ポケットベル）が該当する．現在の通信はほとんど複信である．この双方向の独立した通信を同時に行うため，2 つの異なった周波数で信号を送り合う形態を **FDD**（Frequency Division Duplex）と呼ぶ．一方，単一の周波数において，ある時間をもつスロット単位で，2 者が送受を互いに切り換え合って複信を実現する形態を **TDD**（Time Division Duplex）と呼ぶ．ただし，TDD ではお互い，全時間の半分の時間しか使えないので，通信データ速度を倍にして伝送する必要がある[13]．

2. 多重化（FDM, TDM, CDM）

複数の受信者に対してそれぞれに独立した情報を送る際，あるいは単一の受信者であっても複数チャネルの独立した情報を送ろうとする際，それぞれの情報を

---

[13] 現在，同じ周波数上で，お互い，同時に通信を可能とする複信の研究開発が盛んに進められている（第 6 章コラム，132 ページ参照）．

載せた信号を，受信者において分離可能な形で多重化する技術を**多重化方式**，またはマルチプレックス (multiplex) と呼ぶ.

アナログ方式でも用いられてきた古典的な多重化方式が，**周波数分割多重（FDM**; Frequency Division Multiplex）である．FDM は，多重化する各信号を異なる周波数の搬送波で変調し，これらを合成する方法である．ただし，変調波どうしの混信を避けるため，搬送波の周波数間隔は，それぞれの変調波の占有帯域幅にプラスして，ガードバンドと呼ばれるすき間を加える必要がある（図 **4.19** (a)）．FDM の代表的な例として，ケーブルテレビがある．これは 1 本のケーブル上で，複数の TV チャネルを周波数を変えて多重化して伝送し，受信者が所望のチャネルを選択して番組を視聴することができるシステムである．光ファイバ通信では波長の異なった数多くの光信号を多重して通信を行う **WDM**（Wavelength Division Multiplex）が広く用いられているが，これも FDM の一種である．

これに対して，ディジタル信号の多重化では，**時分割多重（TDM**; Time Division Multiplex）がよく用いられている．これは，決まった長さの情報長単位で，複数の信号を順に並べる方法である．例えば，n〔チャネル〕の信号をビット単位に多重化する場合，各チャネルの信号は決まった順に 1 ビットずつ取り出されて n〔ビット〕に並べられて送信され受信側では同期信号にしたがって n〔ビット〕の周期で各チャネルに信号が配分される（図 4.19 (b)）．FDM では通信路に用いられる増幅器などに線形性がないと，信号のひずみによって別の周波数の信号に妨害を与えることがあるが，TDM ではその問題がない．ただし，通信路全体にわたって正しい順序で多重化と分配を行うためには，同期を正確にとる必要がある．

一方で，各チャネルに異なった拡散符号を施して多重化する CDM（Code Division Multiplex）（図 4.19 (c)）（次項参照），また現在では複数アンテナを用いて空間

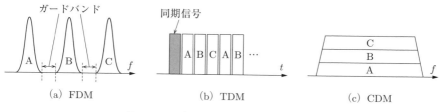

図 **4.19** 各種マルチプレックス方式

的に多重化を行い，同一周波数で複数の信号伝送を実現する MIMO（5.4 節参照）が実際の移動通信に用いられている．

3.　多元接続（FDMA,TDMA,CDMA）

多元接続，またはマルチプルアクセス (multiple access) は，主として無線通信を対象とし，複数の n〔個〕の通信局が互いに干渉せず，1 つの基地局に向けてアクセスし，情報を伝達する技術を指す．

多元接続には大きく分けて，**周波数分割多元接続**（**FDMA**; Frequency Division Multiple Access）と**時分割多元接続**（**TDMA**; Time Division Multiple Access）がある（詳しくは 6.2 節参照）．これらの方式では，ある周波数，ある時刻に特定のチャネルの信号を割り当てて，干渉を回避したアクセスが可能となっている．

一方，各チャネルの信号をそれぞれに固有の符号を用いて変調し，同時に送受信する方式として**符号分割多元接続**（**CDMA**; Code Division Multiple Access）があり，第 3 世代移動通信システムで広く用いられた．ここではその原理を説明する．

送信信号 $f_1(t)$ はあらかじめ BPSK などにより一次変調されているものとし，その 1 ビットの長さを T_s とする．それを時間的に $N(\gg 1)$ 分割し，T_s の区間ごとに N ビット長の特定の符号列 $c_1(t)$ $(0 \leq t \leq T_s)$ を乗じる．すなわち，図 **4.20** に示すように，もとのビットが 1 であれば符号列をそのまま，-1 であればすべてを位相反転した符号列を順に並べていく．得られる変調信号 $g_1(t)$ は

$$g_1(t) = f_1(t)\, c_1(t - nT_s) \qquad (n = 0, 1, 2, \ldots) \tag{4.28}$$

となる．このとき，$c_1(t)$ は T_s/N の間隔でスイッチされる波形であるから，その

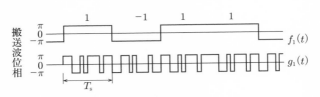

図 **4.20**　CDMA における符号化

周波数スペクトルは $f_1(t)$ の N 倍の広がりをもち，$g_1(t)$ も同じ広がりをもつ．したがって，この操作はスペクトル拡散 (spread spectrum) と呼ばれる．

受信側では，送信側と同じ符号列 $c_1(t)$ が共有されている場合，$g_1(t)$ と符号列 $c_1(t)$ との畳込み操作を行うことで，もとの信号 $f_1(t)$ を復調することができる．N が大きくなると，信号の所要帯域は拡大し，周波数あたりの信号エネルギー密度が低下して，信号の存在すら判別が難しくなる．

CDMA では，異なる $M(< N)$ 種類の信号 $f_i(t)$ $(1 \leq i \leq M)$ をそれぞれに固有の $c_i(t)$ で拡散し，同時に送信する[※14]．受信側では，所望の拡散信号で逆拡散することにより復調する．時間，周波数ともに重なり合った所望信号以外の拡散信号は，この逆拡散過程で乱数化され，N が十分大きければ雑音に近づくことから，所望信号のみを復調することができる．また，帯域内に干渉信号が入ってきた場合も，同様に干渉の影響を逆拡散して緩和できる耐干渉性を有している．

4. ランダムアクセス

ランダムアクセスは，多元接続の一種であるが，4.4.2 項で述べた手法のように，ある周波数帯域幅や時間幅で構成される無線資源を，あらかじめ固定的に通信局に割り当てておかず，全資源を全通信局が利用可能とするのを前提とし，通信局から送信すべき情報が発生するつど，アクセスを試みることによって無線資源の共有を図るものである．通信は通常，フレームと呼ばれる一定長の情報単位で行われる．無線 LAN では，このランダムアクセスにより，複数局の通信を可能にしている．一方，ランダムアクセスでは当然，ある確率でフレームの衝突が起こるので，この影響を回避する必要がある．ここでは代表的な例として，アロハ方式と CSMA 方式について述べる．

アロハ (ALOHA) 方式は，1970 年代にハワイ大学 (Univ. of Hawaii) での実験で初めて用いられた．この方式では，各通信局はまったく自由に，ランダムにフレームを送信して通信を行う．フレームが同じタイミングで重なり合う（衝突と呼ばれる）とアクセスは失敗となるが，衝突は両局ともに検知可能であり，衝突が生じた際にはあるタイミング（バックオフと呼ばれる）を待ってフレームを再送する．この際，再衝突を避けるためには，バックオフをランダム化することが重

[※14] 1 送信者が，複数信号をそれぞれ異なった拡散信号で拡散して多重化するのが **CDM** である．

要である．再送間隔を短くすると再衝突の確率が高まる一方，長くするとスルー
プット※15が低下するため，工夫が必要となる．

　ケーブルチャネルのような短距離通信媒体の場合には伝搬遅延が小さいので，あ
る送信局は他局の送信の有無を直ちに知ることができる．この特徴を利用し，通
信を行う際，チャネル上でまず他の局が通信していないかどうかを確かめ（キャ
リアセンス），通信していない（アイドル）際には直ちに通信を行うとともに，他
の局が通信中（ビジー）の際にはしばらく待った後に通信を行う方式が **CSMA**
（Carrier Sense Multiple Access）方式である．

　CSMA にはさらに CSMA/CD（Collision Detection）と CSMA/CA（Collision
Avoidance）と呼ばれる方式がある．CSMA/CD は，IEEE 802.3 規格で規定され
た同軸ケーブルを利用したイーサネットのように，低遅延で他の通信局と通信を
共有できる媒体でランダムアクセスを行い，衝突が検知されると直ちに互いに送
信を停止し，その後に再送する方式である．一方，CSMA/CA は，IEEE 802.11
規格で規定された無線 LAN に代表されるように，低遅延であるが自信号の衝突
がはっきりと検知できない場合，あらかじめキャリアセンスし，アイドルである
と判明した時点から，さらに送信するフレームの重要度に応じて，送り出すタイ
ミングを制御して送信する手法であり，衝突の影響を軽減できる特長をもつ．

　ランダムアクセスの場合，隠れ端末問題が存在する．これは例えば A, B の 2 局
が互いには通信不能であるが，基地局 C に対しては互いに通信可能であるとき，
両局が同時に基地局 C にアクセスして衝突が発生しても，それがお互いに検知不
能となる問題である．これを回避するための各種手法も提案されている．

4.5　情報量と符号化

1.　情報量，エントロピーの概念

　ディジタル信号によって伝送されるのが，音声や画像などの別はあるが，ひっく
るめて情報であるというのは誰でもわかる．しかし，「情報とはいったい何か」と
あらためて問われると即答できない人も多いのではないだろうか．本節ではまず
情報という量を情報理論の立場から定義する．そして，これを情報の符号化や情

　※15 単位時間あたりの実効情報伝送速度．

報伝送の視点で取り扱うことにより，それぞれの限界が明確化されることを示す．

　通常，私たちがディジタル伝送で取り扱う情報量の単位は，ビット（bit）あるいはバイト（byte）（1 バイト＝8 ビット）である．この表現にしたがって私たちは，無線を介して送れる情報が毎秒何メガビットであるとか，コンピュータに格納するファイルのサイズが何バイトであるとか，表現している．

　ここで視点を変えて考えてみると，私たちにとって価値ある情報とは，いったい何であろうか．ある事象が起こる確率によって個々の情報の価値を定義できないだろうか．すなわち，今日，「東京で震度 5 の地震が起きた」という情報を受け取ったとすると，貴重（＝滅多に起こらない）なので情報として価値がある．一方，「（2021 年当時）世界中で蔓延しているコロナウィルスは，1 日のうちに消滅することはない」という情報は，そんなの当たり前だ（＝まず間違いなくそうだ）として，誰も貴重だという価値は付けないだろう．つまり，情報量を，ある事象の生起確率に応じた量として定義することを考えるのである．

　そうすると，「ある事象 e が発生した」という情報のもつ情報量 $I(e)$ は，生起確率 $p(e)$ が小さければ大きいという，$p(e)$ に対する単調減少関数になるだろう．また，独立な 2 つの事象が結合した事象の情報量は，個々の事象のもつ情報量の和であると考えるのが適当である．例えば，トランプのカードで「スペードのエースを引いた」という事象 e_{12} に対する情報量は，「スペードを引いた」という事象 e_1 に対する情報量と，「エースを引いた」という事象 e_2 に対する情報量の和であるべきことは容易に納得できる．すなわち，生起確率が $p(e_1)$ と $p(e_2)$ である 2 つの事象 e_1 と e_2 が互いに独立であれば，これらが同時に生じる確率 $p(e_{12})$ は $p(e_{12}) = p(e_1)\,p(e_2)$ であり，これに対する情報量を I_{12} とすれば

$$I(e_{12}) = I(e_1) + I(e_2)$$

と表される．この性質をもつ最もよく用いられる関数は対数関数である．これらの観察にもとづいて，シャノン（C.E. Shannon）は情報量を次式で定義した[16]．

$$I(e) = -\log_2 p(e) \quad \text{〔ビット〕}$$

(4.29)

　ここで，ある系が m 個の排反する（どれか 1 つのみが生じる）事象で構成される場合，個々の情報量の期待値 H は

---

[16] 対数の底は，情報通信工学では，2 にとられることが多い．

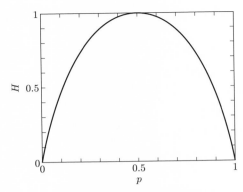

図 **4.21** 平均情報量 H の関数形

$$H = -\sum_{i=1}^{m} p(e_i) \log_2 p(e_i) \quad 〔ビット〕 \tag{4.30}$$

で与えられる．1つ前の式 (4.29) から，ある事象のもつ情報量は生起確率が低いほど大きいが，式 (4.30) からは排反するすべての事象の平均情報量は，個々の事象の生起確率が等しいときに最大になることがわかる．H は，熱力学におけるエントロピーの概念との類似性から情報エントロピーと呼ばれる．単純に「雨が降るか降らないか」のように $m = 2$ の場合は，一方の事象が起きる確率を p とすると

$$H = -p \log_2 p - (1 - p) \log_2 (1 - p) \quad 〔ビット〕 \tag{4.31}$$

となる．これは2値エントロピー関数と呼ばれる．この関数形を図 **4.21** に示す．

　情報エントロピーの考え方から，情報伝送の効率に関する重要な性質が導かれる．ある情報源から与えられる情報が n 〔ビット〕の数で表現されているとき，n がその情報源のもつ情報エントロピーより大きければ大きいほど，その情報は冗長（無駄が多い）であることがわかる．n の下限は H であるが，n を無限に長くして符号化することにより，ある情報源から発生する1情報あたりの表現ビット数は H にいくらでも近づけられる．これをシャノンの情報源符号化定理 (source coding theorem) と呼ぶ．

2. ハフマン符号の構成

　ある観測点では1日の天気を「晴」「曇」「雨」「雪」の4種類に分類してセン

タに伝えることとしよう．これらの情報は，例えば「晴」＝「00」，「曇」＝「01」，「雨」＝「10」，「雪」＝「11」と2ビットで表現できる．もし4つの事象が，それぞれ1/4の確率で生じるとするなら，その平均情報量は2ビットであり，これが最も効率的な符号化であることになる．しかし，仮にこの地点の「晴」の確率が1/2，「曇」の確率が1/4，「雨」と「雪」の確率がそれぞれ1/8であったとすると，平均情報量 H は式 (4.30) より

$$H = -\frac{1}{2}\log_2\frac{1}{2} - \frac{1}{4}\log_2\frac{1}{4} - 2\cdot\frac{1}{8}\log_2\frac{1}{8} = 1.75 \quad 〔ビット〕 \tag{4.32}$$

であるので，2ビットでもまだ冗長であることがわかる．

　この場合，図 **4.22** に示すように，生起確率が低いほうから2つの事象を生起確率を合わせて1つの事象としてまとめ，それを次々に繰り返した枝分かれの構造を考え，根元から枝分かれするたびに0と1の1ビットを配分して符号化する方法を考える．これは，生起確率の高い事象には少ないビット数を，低い事象には多いビット数を割り当てることを意味する．その結果，得られた表現は「晴」＝「0」，「曇」＝「10」，「雨」＝「110」，「雪」＝「111」という可変長符号である．この場合の平均符号長 L は

$$L = \frac{1}{2}\cdot 1 + \frac{1}{4}\cdot 2 + 2\cdot\frac{1}{8}\cdot 3 = 1.75 \quad 〔ビット〕 \tag{4.33}$$

となり，確かに2ビットの等長符号より短く，平均情報量と一致する．したがって，この場合は，本手法が最も効率のよい符号化であることがわかる．本手法に

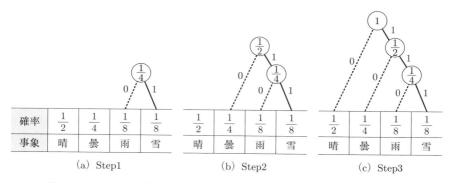

(a) Step1　　　　　(b) Step2　　　　　(c) Step3

図 **4.22**　ハフマン符号化
（事象と符号語の対応はそれぞれ晴 → 0，曇 → 10，雨 → 110，雪 → 111）

よって得られる符号をハフマン符号という.

受信側では, 0 が現れるか, あるいは 1 が 3 個連続した場合に, 1 文字が受信されたと考え, 連続した 1 の数によって 4 種の文字を復元することができる. このように, 符号語の切れ目が当該符号語の受信完了時点で判明する符号を**語頭符号**と呼ぶ.

実際には, 平均情報量に完全に一致する効率的な符号化が得られることはまれであり, 場合に応じてさまざまな符号化の方法が考案されており, **情報源符号化**と総称される. しかし, 例えばハフマン符号化を実施しようとしても, 各事象の生起確率を正確に知ることは困難であり, また, それが時間とともに変化することも多い. したがって, 現実に用いられる符号化では, 1 つの文書や画像など, ひとまとまりのデータを単位として, その中での文字やビット列のパターンの出現頻度を計算し, 頻度に応じて短い文字列に置き換える, という操作がよく行われる. その結果, 置き換えられて符号化された文書や画像のサイズは, もとのサイズより小さくなりうる. これを**情報圧縮**という.

文字や数値データの場合には, 上の例のようにもとの情報が完全に再現できることが必要である. このような情報圧縮を**可逆圧縮** (lossless compression) という. それに対して, 音声や画像のように, 最終的に人間が受信して知覚する場合には, もとの情報と完全に同じものが復元できなくても, 人間が情報の内容を正しく認識できれば十分であることが多いので, 不要な情報を切り捨てる**非可逆圧縮** (lossy compression) が行われる. この場合には, 人間の聴覚や視覚のもつ性質を詳細に調べ, その感度の高いものを優先的に保存することが行われる. ディジタル画像の圧縮に用いられる MPEG (Moving Picture Expert Group) などの方式はその代表例である.

4.6 ディジタル信号の誤り訂正

前節では情報の定量化とその圧縮の限界について考えた. しかし, 情報を伝送する場合には, 雑音の混入などによる誤りの発生が起きる. もし, 信号にまったく無駄な部分がない, いわゆる冗長性がなければ, 誤りの発生の検出も, またこれを修復することも不可能である. 本節では, 最小限度の冗長度を付加することにより, 伝送時に発生する誤りを検出・訂正する通信路符号化の技術について学ぶ.

1. ハミング距離と誤り訂正能力

　簡単な例から始めよう．送信側で送りたい情報が 0 または 1 であるとする．このとき，誤りの発生に備えるため，複数回，情報を繰り返し送信することとする（繰返し符号化）．例として，3回繰り返すとし，情報が 0 のときは符号語 $c_0 = (000)$ を，情報が 1 のときは符号語 $c_1 = (111)$ を送る．受信側では，多数決で 0 か 1 が送られたのかを判断する．こうすれば，もし符号語の中で1か所誤りが生じても，多数決でこの影響を除去（誤り訂正）することができる．あるいは訂正を行わず，c_0 もしくは c_1 を正しく受信したときのみ OK とし，それ以外を受信したときは通信路に何らかの誤りがあったと判断する手法（誤り検出）もある．この場合は2か所の誤りまで検出可能である．

　符号語と符号語の近さを測る尺度として，ハミング距離 (Hamming distance) d_H がある．ハミング距離は，長さ n の2つの n 次元ベクトル $\boldsymbol{u} = \{u_1, u_2, .., u_n\}$ と $\boldsymbol{v} = \{v_1, v_2, .., v_n\}$ が与えられたとき，互いに対応する位置にあるシンボルで，異なるものの個数として定義され，同じ場所にある符号語の要素がどれだけ不一致であるかを表すものである．

$$d_H(\boldsymbol{u}, \boldsymbol{v}) = \sum_{i=1}^{n} d(u_i, v_i) \qquad \left(d(u_i, v_i) = \left\{ \begin{array}{ll} 0 & (u_i = v_i) \\ 1 & (u_i \neq v_i) \end{array} \right. \right) \qquad (4.34)$$

　先の例では，$d_H(c_0, c_1) = 3$ である．いま2つの符号語だけからなる符号 $\mathcal{C} = \{c_0, c_1\}$ を考え，そのハミング距離を t とすると，多数決の考えより，この符号は $\lfloor (t-1)/2 \rfloor$〔個〕までの発生した誤りを訂正することができる[*17]．あるいは $t - 1$〔個〕までの誤りを検出できる．

　これを一般化して任意の個数の符号語をもつ符号 $\mathcal{C}$ に対しても，すべての符号語の組合せに対して最小となるハミング距離が求まれば，これを符号の最小距離と呼び

$$d_{\min} = \min_{\boldsymbol{u}, \boldsymbol{v} \in \mathcal{C} : \boldsymbol{u} \neq \boldsymbol{v}} d_H(\boldsymbol{u}, \boldsymbol{v}) \qquad (4.35)$$

で定義することができる．このとき，符号 $\mathcal{C}$ は $\lfloor (d_{\min} - 1)/2 \rfloor$〔個〕までの誤りを訂正，もしくは $d_{\min} - 1$〔個〕までの誤りを検出することが可能である．

....

[*17] $\lfloor x \rfloor$ は床関数と呼ばれ，x 以下の最大の整数である．

2.　FEC/ARQ

　通信路で誤りが発生した場合，誤り訂正能力を十分高くしておければ，受信側でこれらを訂正し，もとの情報を復元することができる．この方法を **FEC**（Forward Error Correction）と呼ぶ．これに対して受信側では誤り検出のみを行い，誤りが検出された場合には，送信側に自動的にその符号語を再送することを要求して誤りを回復する方法を **ARQ**（Automatic Repeat reQuest）と呼ぶ．通信では，一般にこれらの両方の技術が用いられることが多い．

3.　各種の誤り検出／訂正符号

(1) 2 元体

　誤り訂正符号にはさまざまな種類があるが，本書では $\{0,1\}$ の 2 元アルファベットから構成される線形符号を紹介する．2 元アルファベットの元の加算，乗算を以下のように定義する．

$$\begin{cases} 0+0=0, & 0+1=1, & 1+0=1, & 1+1=0 \\ 0\times 0=0, & 0\times 1=0, & 1\times 0=0, & 1\times 1=1 \end{cases} \tag{4.36}$$

減算，除算も同様に 0 と 1 のみで定義される．この 0 と 1 のみで四則演算を定義したものを **2 元体**という．以下ではこれらの演算を用いる．

(2) パリティ検査符号

　誤り検出に最もよく用いられるのは，**パリティ検査符号**（parity check code）である．これは，k ビットの情報 $(i_1, \ldots, i_k)$ に，1 ビットの検査ビット（パリティ）p を付加して，長さ $n = k+1$ の符号語を生成するものである．情報長 k と符号長 n の比 $R = k/n$ は**符号化率**（coding rate），または情報伝送速度と呼ばれる．奇数パリティの場合，$p = \sum_{j=1}^{k} i_j$ である．例えば，$k = 4$ で情報ビットが (0100) である場合，検査ビット p を付加した符号は (01001) となる．もし，これら 5 ビットのうち，1 ビットが通信路における誤りによって 0 から 1，もしくはその逆に反転した場合，受信語から計算した p の値は反転するので，受信者は誤りが生じたことを知ることができる．

(3) ハミング符号

　パリティ検査符号では 1 ビットの誤りは検出できるが，どのビットが誤ったか

はわからないため，訂正することはできない．また，2ビット誤ると，誤りも検
出できない．そこで，検査ビットの数を増やし，各検査ビットが対象とする情報
ビットの組合せを変えることで，どのビットが誤ったかを決めることができれば，
誤り訂正が可能となる．ここでは，情報長 $k = 4$，符号長 $n = 7$ を有する $(7, 4)$ ハ
ミング符号について概略を説明する．$(7, 4)$ ハミング符号の符号語 x は，一例と
して次の生成行列 G を用い，

$$G = \begin{bmatrix} 1 & 0 & 0 & 0 & 1 & 1 & 0 \\ 0 & 1 & 0 & 0 & 1 & 0 & 1 \\ 0 & 0 & 1 & 0 & 1 & 1 & 1 \\ 0 & 0 & 0 & 1 & 0 & 1 & 1 \end{bmatrix} \tag{4.37}$$

メッセージ m に対して，$x = mG$ の演算で生成される．例えば $m = (1010)$ と
すると $x = mG = (1010001)$ が生成される．これが符号語となる．この符号化
のもつ特徴として，$x_1 = m_1 G$, $x_2 = m_2 G$ に対し，明らかに

$$(x_1 + x_2) = (m_1 + m_2)G$$

が成り立つ（線形性）．

　なお，この生成行列 G は左の4行4列が単位行列になっている．したがって，
符号語の左から k ビットはもとのメッセージがそのまま含まれることになる．こ
のような性質をもつ符号は**組織符号**と呼ばれる．

　通信路上の誤りは以下の手法で訂正できる．生成行列 G は k 個の線形独立な行
ベクトルで構成されているが，これらのすべてのベクトルと直交する $n - k$ 〔個〕
の線形独立な行ベクトルを集めた行列 H が存在する．したがって $GH^\mathsf{T} = 0$ の
直交関係が成り立つ[18]．上記の G に対する H の例は次のようになる．

$$H = \begin{bmatrix} 1 & 1 & 1 & 0 & 1 & 0 & 0 \\ 1 & 0 & 1 & 1 & 0 & 1 & 0 \\ 0 & 1 & 1 & 1 & 0 & 0 & 1 \end{bmatrix} \tag{4.38}$$

　いま通信路で e なる誤りが生じたとし，受信側で $y = x + e$ として受信された
とする．ここで，シンドローム s を $s = yH^\mathsf{T}$ と定義する．明らかに

---

[18] T は転置 (transpose) を表す．

$$s = yH^\mathsf{T} = (x + e)H^\mathsf{T} = (mG)H^\mathsf{T} + eH^\mathsf{T} = eH^\mathsf{T} \tag{4.39}$$

となるため，s には符号語の成分が除去され，誤りベクトル e の影響のみが反映された結果を得る．通信路で誤りが生じなければ，s は 0 となる．

したがって，もし H の各列がすべて異なる列ベクトルであるならば，ハミング重み 1 の誤り e に対しては，その誤り箇所に対応する H の列ベクトルに対応するシンドロームが生成されることになり，誤りを検出することができる．実際，この例では 0 以外のすべての 3 次元ベクトルを縦に並べて H を生成し，それと直交する形で G を生成している．

例えば，前述のメッセージ $m = (1010)$ に対応する符号語 $x = (1010001)$ の 2 番目のビットに誤りが生じ，$y = (1110001)$ として受信されたとしよう．このシンドロームを計算すると $s = yH^\mathsf{T} = (101)$ となり，これは H^T の 2 行目と一致する．これによって 2 番目のビットに誤りが生じていると推定され $\hat{e} = (0100000)$ となる[19]．したがって，送信符号語は $x = y - \hat{e} = (1010001)$ と推定することができ，組織符号であるので，もとのメッセージ m は (1010) として正しく復号できることがわかる．

この $(7,4)$ ハミング符号の最小距離は 3 であり，通信路上の 1 か所の誤りを訂正することが可能である．

4. 相互情報量と通信路符号化定理

通信において，どれだけの量の情報を伝送できるかを指すには，通信システム（例えば，移動通信回線）が提供する通信速度（例えば，100 Mbit/s）を用いるのが通常である．一方，情報理論的に考えると，そもそも通信路には誤りが生じるものなので，通信速度と実際に送られている情報の量とは乖離がある．

4.5 節 1. では，系が有するあいまい度をエントロピーという尺度で評価をしていた．この考え方を利用して X から Y に情報を伝送する際，もともと情報源が有していたエントロピーをもつ信号を X から Y に伝送し，Y で通信信号を観測した下で（すなわち受信した下で）もとの情報源に関するエントロピーを評価する．この 2 つのエントロピーの差を**相互情報量**（mutual information）$I(X;Y)$ という．相互情報量はあいまい度の減少量であるが，それはそのまま通信によって

---

[19] $\hat{e}$ は e の推測値であることを示す．

得られた情報量であるとみなせる.

　例えば，X より，0 と 1 が等確率で発生する情報源より発生した 1 ビットが伝送されるとしよう．このエントロピーは 68 ページの図 4.21 からも明らかなように，$H = 1$〔ビット〕となる．これが，もし誤りなく Y に伝送されたとすると，Y で観測された信号の下で X がもつエントロピーはあいまい度がなくなるので 0 となる．すなわち，相互情報量 $I(X;Y)$ は $1 - 0 = 1$〔ビット〕となる．一方，通信路に誤りがある場合，Y で信号を観測したとしても，まだ X には不確実性が残るためエントロピーは 0 にならず，相互情報量は 1 より小さくなるだろう.

　相互情報量 $I(X;Y)$ は，送信側の情報源の発生確率によっても変化する．この発生確率を変化させて，相互情報量を最大化した値が**通信路容量**（channel capacity）C として定義される．すなわち，$p(\boldsymbol{x}) = p(x_0, x_1, \ldots, x_{n-1})$ を n〔個〕のシンボルからなる情報源の発生確率とするとき

$$C = \max_{p(\boldsymbol{x})} I(X;Y) \tag{4.40}$$

である.

　シャノンは，通信路容量 C と情報伝送速度 R との間に $R < C$ の関係が満たされる範囲であれば，符号長 n を無限大に伸ばすことによって，通信における誤り確率をいくらでも 0 に近づけることができる符号化法があることを示した．これが**通信路符号化定理**（channel coding theorem）と呼ばれるものである．ただし，シャノンはこのような符号があるということを示したのみであり，具体的な符号化の方法については何も述べなかった．以降，このシャノンの示した通信路容量が達成しうる誤り訂正能力の限界（シャノン限界）を達成する符号を求める努力が続けられてきた.

5. LDPC 符号と Polar 符号

　LDPC（Low Density Parity Check）符号は，シャノン限界に近づけることができる誤り訂正符号として知られ，第 5 世代移動通信システムに採用されるなど，近年盛んに利用が図られている符号である．LDPC 符号の歴史は古く，1960 年代に Gallager によって提案され，検査行列 $\boldsymbol{H}$ に含まれる 1 の数が少ないことを特長としていた．その後，長らく顧みられなかったが，1990 年代末に再評価され，新たなメッセージパッシング復号法と呼ばれる復号を適用することで，現実的な

計算の規模で優れた誤り訂正能力をもつことが示された.

　2010 年代になって **Polar** 符号が現れた. Arikan は通信路において時系列的に, 順に送信される情報を並列化して考え, 規則的な操作を繰り返し施すことにより, 並列化されたチャネル群の相互情報量がきわめて高いチャネルからきわめて低いチャネルに分極 (polarization) する性質があることを見出した. そこで Polar 符号は, 相互情報量の高いチャネル (信頼度が高く, 多くの情報を送れる) には優先して情報を送り, 逆に低いチャネルには「ある決まった情報を送った」と送受側で決め, 実際には送信しないことで, 効率的な符号化を行うものである. Polar 符号は, 性能的に LDPC 符号にも増して誤り訂正能力の限界に近づいている.

　これらの符号の発見により, 現在ではほぼシャノン限界を達成する具体的, かつ組織的な符号化技術が確立されたといってよい.

演習問題

1. 標本化定理を満たす条件の下で標本化間隔 t_s で標本化された信号 $x_s(t)$ を，周波数 $f_s/2(=1/2t_s)$ で遮断される利得 t_s の理想低域通過フィルタを通すことにより，もとの信号が復元できることを時間領域で示せ．

2. OFDM 変調において，IDFT の各成分 $(e^{j2\pi/N})^{nk}(n = 0, \ldots, N-1)$ が，すべて互いに直交していることを示せ．

3. シンボル a, b, c, d, e を有する情報源 x について，$P(x)$ はシンボル x の生起確率で，$P(a) = 0.3, P(b) = 0.3, P(c) = 0.2, P(d) = 0.1, P(e) = 0.1$ とする．

    (1) x にハフマン符号を割り当て，構成図（符号木）を描け．

    (2) このハフマン符号の平均符号長を求めよ．

4. 式 (4.37)（73 ページ）に沿って符号化を行い伝送したところ，受信器では $(0\ 0\ 0\ 1\ 1\ 0\ 1)$ として受信された．この受信語の誤りの有無を調べ，誤りがあると判断されたなら，どのビットが誤っていたかを推定し，正しい送信メッセージを推定せよ．

OFDM 技術の歴史と適用

OFDM 技術は，本文で述べたとおり，現代の無線通信システムにおいて広く用いられている方式であるが，その研究・実用への取組みはかなり古くから行われてきたといえる[10]．そのルーツは，有線での電話信号の周波数をずらして重畳し，多数の回線を収容しようとした FDM 技術にあるだろう．発明王エジソンでさえ，すでにマルチトーンのテレグラフを考案していた．実際，アナログの時代には 8 KHz 帯域の音声信号を，周波数をずらして数多く積み上げていたが，システムがディジタル化されると時分割多重 TDM に移行していったのであった．

OFDM 技術自体は 1960 年代から検討が行われてきたが，1990 年代にいたり，電話回線にデータを重畳して伝送する **ADSL**（Asymmetric Digital Subscriber Line）に **DMT**（Discrete Multitone）方式という名称で，OFDM 技術が実用化された．当時，一部の音声回線モデムにも OFDM 技術が取り入れられていた．その後 OFDM はワイヤレスアクセスにおいて広く利用されるものとなり，WiFi（IEEE 802.11a）に始まり，WiMAX（IEEE 802.16），第 3.9 世代から始まった LTE 技術に採用されるにいたっている．

さらに，放送分野でも地上デジタルテレビ放送において OFDM が採用され，約5600 本の搬送波によってテレビジョンの情報が送られている．有線伝送でも**電力線通信**（**PLC**; Power Line Communication）で用いられているほか，最近では光ファイバ伝送においても OFDM 技術を適用する検討が進められている．

第5章
アンテナと電波の伝搬

　電波は通信，放送，センサなどを含めて広く利用されている．通信ネットワークの基幹部分においては，光ケーブルが伝送媒体の主体となっているが，移動体との通信は無線に頼らざるをえず，電波による伝送系の重要性がますます高まっている．

　本章では，無線伝送系として電波を効率よく放射するアンテナの基本特性，アンテナを複数配置したアレーアンテナ，さらに信号処理機能を付加したアダプティブアレーアンテナ，および MIMO アンテナを学習する．

　そして，アンテナ間の電波の伝わり方，すなわち電波伝搬について，基礎から移動通信における電波伝搬までを学ぶ．

5.1　アンテナの放射特性

　アンテナ (antenna) は電波の送信と受信の両方に使用される．はじめに，アンテナの指向特性等を理解するために，アンテナからどのように電波が放出されるかを概説する．

1.　微小ダイポールアンテナがつくる電磁界

　波長 λ に比べて微小な長さ l のアンテナに周波数 f（角周波数 $\omega = 2\pi f$）の一様な電流が流れている場合を考える．これを微小ダイポールアンテナ (infinitesimal dipole antenna) と呼ぶ．このアンテナに交流電流 I が流れると，アンペアの法則（Ampere's law）とファラデーの法則（Faraday's law）により，交流の電磁界（電

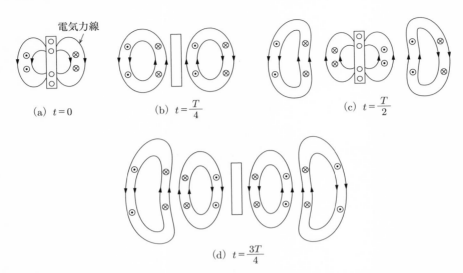

図 **5.1** 交流電流 1 サイクル T に対応する微小ダイポールアンテナからの電磁波
（図中の $\oplus$, $\ominus$ はそれぞれ正負電荷を表す．また，$\odot$，$\otimes$ は磁力線で，$\odot$ は紙面から
上向き，$\otimes$ は紙面から下向きのものを表す）

界と磁界）をつくる．これが新たな電磁界を連鎖的につくり，遠方まで光速で伝
搬することになる（図 5.1）.

図 **5.2** に示すように，長さ l の微小ダイポールアンテナを z 軸に平行，かつ，そ
の中心が原点に一致するように置いたとき，アンテナの電流 I によって発生する
電界 $\boldsymbol{E}$ と磁界 $\boldsymbol{H}$ の各成分は，球座標系 (r,θ,ϕ) において次式で表される[※1,1].

$$E_r = 2KIl\left(\frac{1}{r^3}+\frac{\mathrm{j}k}{r^2}\right)\mathrm{e}^{-\mathrm{j}kr}\cos\theta \tag{5.1}$$

$$E_\theta = KIl\left(\frac{1}{r^3}+\frac{\mathrm{j}k}{r^2}-\frac{k^2}{r}\right)\mathrm{e}^{-\mathrm{j}kr}\sin\theta \tag{5.2}$$

$$E_\phi = 0 \tag{5.3}$$

$$H_r = H_\theta = 0 \tag{5.4}$$

$$H_\phi = \frac{KIl}{Z_0}\left(\frac{\mathrm{j}k}{r^2}-\frac{k^2}{r}\right)\mathrm{e}^{-\mathrm{j}kr}\sin\theta \tag{5.5}$$

[※1] 時間変動を表す共通因子 $\mathrm{e}^{\mathrm{j}2\pi ft}$ は省略して表現している．

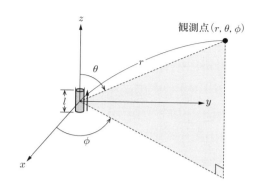

図 **5.2**　原点に置かれた微小ダイポールアンテナ

ここで，K は複素定数で，$K = (\mathrm{j}4\pi\omega\varepsilon_0)^{-1}$（$\varepsilon_0$ は自由空間の誘電率）で与えられる．また，k は**位相定数**あるいは**波数**と呼ばれ，$k = 2\pi/\lambda$ で与えられ，Z_0 は自由空間の**波動インピーダンス**または**特性インピーダンス**と呼ばれ，$Z_0 = \sqrt{\mu_0/\varepsilon_0} = 4\pi c \cdot 10^{-7} \simeq 120\pi \simeq 377$〔$\Omega$〕で与えられる．なお，$c$ は光速である．

　式 (5.1) の E_r，式 (5.2) の E_θ は，距離 r の 3 乗に反比例する**静電成分**，r^2 に反比例する**誘導成分**，および r に反比例する**放射成分**からなっている．したがって，十分遠方では放射成分が卓越するが，ダイポールアンテナ近傍では静電成分が支配的となる．式 (5.5) の磁界についても同様で，H_ϕ は誘導成分と放射成分から構成されていることがわかる．

2.　放射界（遠方界）

　微小ダイポールアンテナから十分遠方（$kr \gg 1$）においては放射成分のみとなり，電界と磁界は次式で与えられる．

$$E_\theta = \frac{\mathrm{j}kZ_0Il}{4\pi}\frac{\mathrm{e}^{-\mathrm{j}kr}}{r}\sin\theta, \qquad H_\phi = \frac{1}{Z_0}E_\theta$$

これは**放射界** (radiated field)，あるいは**遠方界** (far field) と呼ばれる．放射界は伝搬する方向の電磁界成分をもたず，電界と磁界の比は波動インピーダンスに等しい．この関係は電気回路のオームの法則に似ている．放射界は 1 つの特徴として $\mathrm{e}^{-\mathrm{j}kr}/r$ 成分を含み，波の位相が等しい面（等位相面）が球面状に，そして波の振幅が距離 r に反比例して広がっていく様子を表している（球面波という）．

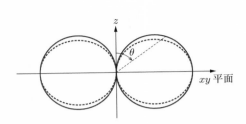

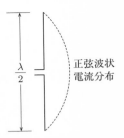

図 5.3　微小ダイポールアンテナ（実線）と
　　　　半波長ダイポールアンテナ（破線）
　　　　の z 軸を含む垂直断面の指向特性

図 5.4　正弦波状電流分布
　　　　をもった半波長ダイ
　　　　ポールアンテナ

　また，放射界の振幅分布を $r =$（一定）の球面上で調べると，$\sin\theta$ に比例している．したがって，θ に対する分布を極座標によって表示すると，図 5.3 のようになる．このような図を指向性図（指向性パターン，放射パターン）といい，微小ダイポールアンテナの場合，8 の字を描くことから，**8 の字指向性**と呼ばれている．指向特性については 5.1 節 5. でもう少し詳しく述べる．

3.　半波長ダイポールアンテナ

　実際によく使われる線状アンテナは，中央で給電し，長さが波長 λ の半分のもので，半波長ダイポールアンテナ (half-wavelength dipole antenna) と呼ばれている．半波長ダイポールアンテナが z 軸上に，その中心が原点と一致するように置かれ，アンテナ線上に流れる電流が図 5.4 に示すように正弦波状と近似して

$$I(z) = I_0 \sin\left(\frac{\lambda}{4} - |z|\right)$$

と表されるとすると，その放射界は次式で与えられる[1]．

$$\begin{cases} E_\theta = \dfrac{\mathrm{j}Z_0 I_0}{2\pi} \dfrac{\mathrm{e}^{-\mathrm{j}kr}}{r} \dfrac{\cos\left(\dfrac{\pi}{2}\cos\theta\right)}{\sin\theta} \\ H_\phi = \dfrac{1}{Z_0} E_\theta \end{cases}$$

ここで，I_0 は図 5.4 の半波長ダイポールアンテナの給電点（原点）における電流である．この半波長ダイポールアンテナの指向性は図 5.3 の破線である．微小ダイポールアンテナと同様，8 の字指向性となるが，少し偏平な形となる．

4.　ポインティングベクトルと放射電力

どのような電波源であっても，波源からの放射は球面状に広がっていくが，十分遠方では局所的には平面波 (等位相面が平面である波) とみなされる．このとき，微小ダイポールアンテナの放射電界は θ 成分のみ，放射磁界は ϕ 成分のみというように，電界と磁界は互いに直交し，かつ進行方向（r 方向）とも直交する．

電波によって運ばれる電力密度 S は，ポインティングベクトル (Poynting's vector) と呼ばれ，複素表現を用いて次式で与えられる．

$$S = \frac{1}{2} \boldsymbol{E} \times \boldsymbol{H}^*$$

ここで，$*$ は複素共役，$\times$ はベクトル積（外積）を表す．また 1/2 の係数は電界と磁界が正弦波の尖頭値を表していることによる．実効値で表す場合は不要である．

続いて，電界と磁界の直交条件を用いると，波源から十分遠方における複素ポインティングベクトルの大きさ S は

$$S = \frac{E^2}{2Z_0}$$

と表される．ただし，E は電界の大きさである．図 5.2 の微小ダイポールアンテナの場合は $E = |E_\theta|$ である．

半波長ダイポールアンテナのような線状アンテナでは，放射される電界ベクトルの方向は常にアンテナを含む面内にあり，**直線偏波**といわれる．衛星放送などでは，偏波面が電波の角周波数で回転する右まわり（右旋），あるいは左まわり（左旋）の円偏波が用いられる．なお，円偏波をつくるには，例えば直交する 2 組の線状アンテナの位相を $\pm 90°$ ずらして合成すればよい．

5.　指向特性

5.1 節 2. で述べたように，アンテナから十分離れた点の放射界は球面波となり，放射電界 $\boldsymbol{E}$ は球座標の (r, θ, ϕ) を用いて次式の形で表される．

$$\boldsymbol{E}(r, \theta, \phi) = K_0 I_0 \frac{e^{-jkr}}{r} \boldsymbol{e}(\theta, \phi)$$

ここで，K_0 は複素定数，I_0 はアンテナの給電点における複素電流である．$\boldsymbol{e}(\theta, \phi)$ は，アンテナからの距離 r には無関係に，方向 (θ, ϕ) のみによって定まるベクトル関数で，**指向性関数**という．また，$\boldsymbol{e}(\theta, \phi)$ は，一般に θ 成分と ϕ 成分からなる．

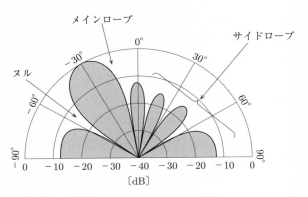

図 **5.5**　指向特性の例

　前述のように，指向性関数の大きさを図に示したものを指向性図といい，指向性パターンや放射パターンとも呼ばれる．例えば，図 5.2 の z 軸方向に置いた微小ダイポールアンテナの指向性関数は θ 成分のみとなり，$\sin\theta$ となる．したがって，図 5.3 の実線が指向性図となる．指向性図を描く際，電界ベクトルを含む面を電界面（E 面）といい，その面内の指向性を電界面内指向性という．これに対し，磁界ベクトルを含む面を磁界面（H 面）といい，その面内の指向性を磁界面内指向性という．

　一般に指向性が一様でない場合を「指向性がある」といい，指向性があらゆる方向でまったく一様である場合を無指向性，あるいは等方性 (isotropic) であるという．等方性アンテナは現実には存在しないが，理論上の基準アンテナとしてよく用いられる．ある特定の面，例えば水平面内でのみ指向性が一様である場合は，全方向性 (omnidirectional) と呼ばれる．

　図 **5.5** に示すように，放射が強くなる方向がいくつかの方向に分かれているとき，この中の最大放射方向のものをメインローブ (main lobe，または major lobe)，あるいはメインビーム (main beam) といい，それ以外のものをサイドローブ (side lobe) という．一方，放射電界が 0 になるところをヌル (null) と呼ぶ．

　また，放射電力密度が，最大放射のそれの 1/2 に減る，2 つの方向の挟む角を電力半値幅 (half-power beam width)，あるいは単に半値幅，半値角という．微小ダイポールアンテナの電界面内における電力半値幅は $90°$ である．

6. 指向性利得

ある方向 (θ_0, ϕ_0) の放射電力密度と,全放射電力を全方向について平均した放射電力密度との比を,そのアンテナの (θ_0, ϕ_0) 方向の**指向性利得** (directivity) という.すなわち,半径 r の球の表面を A とし,その面素を $\mathrm{d}A$ と表すと,指向性利得は次式で与えられる.

$$
\begin{aligned}
G_{\mathrm{d}}(\theta_0, \phi_0) &= \frac{S(r, \theta_0, \phi_0)}{\dfrac{1}{4\pi r^2} \iint_A S(r, \theta, \phi)\, \mathrm{d}A} \\
&= 4\pi \frac{|\boldsymbol{e}(\theta_0, \phi_0)|^2}{\displaystyle\int_0^{2\pi} \mathrm{d}\phi \int_0^{\pi} |\boldsymbol{e}(\theta, \phi)|^2 \sin\theta\, \mathrm{d}\theta}
\end{aligned}
\tag{5.6}
$$

ここで,$S(r, \theta, \phi)$ は (r, θ, ϕ) の位置におけるポインティングベクトルの大きさ,$\boldsymbol{e}(\theta, \phi)$ は (θ, ϕ) 方向の電界指向性関数である.なお,全放射電力の計算は半径 r の球の表面上で行っている.(θ_0, ϕ_0) の指定がない場合は,通常,最大放射方向とする.このように,指向性利得は,等方性アンテナに対する,そのアンテナの放射の強さ(あるいは同じ放射強度にするための送信電力の節約度)を表す.

例えば,微小ダイポールアンテナの指向性利得は次式となる[1].

$$
G_{\mathrm{d}}(\theta_0, \phi_0) = \frac{3}{2} \sin^2 \theta_0
$$

また,半波長ダイポールアンテナの指向性利得は次式で表される[1].

$$
G_{\mathrm{d}}(\theta_0, \phi_0) = 1.64 \cdot \left\{ \frac{\cos\left(\dfrac{\pi}{2}\cos\theta_0\right)}{\sin\theta_0} \right\}^2
$$

5.2 アレーアンテナ

一般に,アンテナの置かれている場には,種々雑多な電波が混在して飛び交っている.その中から,いかにして所望の情報を運んでくる電波を選び出すかが問題である.この場合,アンテナの指向特性を利用して,電波を到来方向によって選別することが重要な手段となる.また,送信の際にも,所望の通信相手以外の方向への放射波は干渉問題となるので,アンテナの指向特性を利用して所望の通

信相手のみに電波を放射することが求められる．したがって，複数個のアンテナを配列し，各アンテナ素子の励振電流の振幅，および位相を独立に制御して，指向特性を調整できるアレーアンテナ (array antenna) が注目されるのである．

　本節では，このアレーアンテナについて解説する．

1.　アレーアンテナの指向特性と指向性相乗の理

　アレーアンテナを構成するためのアンテナ素子の配列法は直線状，平面状，曲面状などいろいろ考えられるが，ここではその基本原理を理解するために，図 5.6 のような N 素子が直線状に並ぶ受信用のリニアアレー (linear array) を考える．

　いま，平面波がブロードサイド（素子が並ぶ直線に対して垂直方向）から測って角度 θ の方向から到来するとする．また，第 n アンテナ素子の指向性関数を $g_n(\theta)$ とする．この状況で，アレー軸上の基準点での受信信号を x_0 と表すと，n 番目の

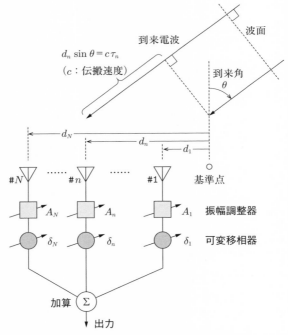

図 5.6　N 素子よりなる受信用のリニア（直線状）アレー

アンテナ素子に誘起する電圧 x_n は次式で与えられる.

$$x_n = x_0 g_n(\theta) \exp\left(-\mathrm{j}2\pi f \tau_n\right) = x_0 g_n(\theta) \exp\left(-\mathrm{j}\frac{2\pi}{\lambda}d_n \sin\theta\right)$$

$$\left(n = 1, 2, \cdots, N, \quad \tau_n = \frac{d_n \sin\theta}{c}\right)$$

ここに，d_n は基準点より測った n 番目の素子の位置である．図 5.6 のように各素子の出力をそれぞれ振幅調整器（増幅器または減衰器）と可変移相器を経て加算すると，合成出力 y は

$$y = x_0 \sum_{n=1}^{N} A_n g_n(\theta) \exp\left\{\mathrm{j}\left(-\frac{2\pi}{\lambda}d_n \sin\theta + \delta_n\right)\right\}$$

と表される．A_n，δ_n はそれぞれ n 番目の素子に乗じられる振幅調整重みと移相量である．さらに，すべてのアンテナ素子の指向性関数が等しく，$g(\theta)$ であるとすると

$$y = x_0 g(\theta) D(\theta) \tag{5.7}$$

$$\left(D(\theta) = \sum_{n=1}^{N} A_n \exp\left\{\mathrm{j}\left(-\frac{2\pi}{\lambda}d_n \sin\theta + \delta_n\right)\right\}\right)$$

となる．ここで，$D(\theta)$ はアレーの形状のみで決まる**アレーファクタ** (array factor) と呼ばれる係数である.

　式 (5.7) は，アレーアンテナ全体の指向特性は，素子の指向特性 $g(\theta)$ とアレーファクタ $D(\theta)$ との積として得られることを示している．これを**指向性相乗の理** (pattern multiplication) という．このように，アンテナを複数個配置することによって，アレーファクタの大きさ分だけ，利得を向上させることができる．これがアレーアンテナの大きな特長である．

2. アレーファクタの基本特性

　$g(\theta) = 1$ の場合，アンテナは等方性となる．この場合，アレーアンテナ全体の指向特性はアレーファクタの指向特性と同じになる．それゆえ，ここではアレーファクタの基本特性を解説するため，各アンテナ素子はすべて等方性であるとして話を進める.

　各アンテナ素子の移相量 δ_n は，所望の受信信号（所望信号）の到来方向と素子の位置に応じて決められるが，ある角度 θ_0 方向にアレーのメインローブを向ける場合，一般に移相量を

$$\delta_n = \frac{2\pi}{\lambda} d_n \sin\theta_0$$

と選ぶ．すなわち，所望信号に関して，移相器の出力での位相が各アンテナ素子にわたって同じ位相にそろうように定められ，同相合成によって所望信号に対する利得が上がる．このようにして，メインローブを走査するアレーアンテナをフェーズドアレー (phased array) という．メインローブ以外の方向では，各素子の出力の位相が一致せず，互いにある程度の信号の相殺が行われ，サイドローブやヌルが形成される．前掲の図 5.5（84 ページ）は，6 素子半波長等間隔リニアアレーにおいて，$\theta_0 = -30°$ とした場合の指向特性である．アレーファクタ特性をみるうえで，改めて参照されたい．

　ところで，等間隔アレーで素子間隔（d と表す）が大きい場合には

$$-\frac{2\pi}{\lambda} d(\sin\theta_{gm} - \sin\theta_0) = 2m\pi \qquad (m = \pm1, \pm2, \dots)$$

を満足するような角度 θ_{gm} でも同相になって加算されるので，メインローブ以外で大きなアレー応答値が生じる．これはグレーティングローブ (grating lobe) と呼ばれ，通常は設計の段階で防止策がとられる．図 **5.7** は，6 素子 1 波長等間隔リニアアレーにおいて，$\theta_0 = -30°$ とした場合の指向特性である．これは，図 5.5において素子間隔を半波長から 1 波長に拡大した場合となるが，メインローブと同じ利得のグレーティングローブが $30°$ 方向に発生しているのが確認できる．

　一般に，サイドローブ方向に不要波源が存在した場合には，それ相当の受信電圧が誘起される．また，もし，不要波と所望信号との電界強度比が，サイドローブとメインローブの比の逆数よりも大きければ，アンテナ出力において，所望信号が不要波よりも劣勢になる．したがって，サイドローブのレベルを下げる工夫が必要になる．アレーアンテナを用いると，A_n と δ_n を適切に選んで，サイドローブを全般的に低くしたり（ドルフ–チェビシェフアレー[2] など），あるいは特定の強力な不要波（干渉波）に対して，その到来方向の応答値を 0 にしたりすることが可能である．後者の 1 つがアダプティブアレーで，以降で詳細に説明していく．

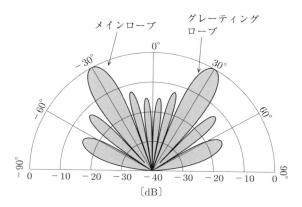

図 **5.7** グレーティングローブを含む指向特性の例
(6 素子 1 波長等間隔リニアアレー，$\theta_0 = -30°$)

5.3 アダプティブアレー

アレーアンテナの指向特性を適応的に制御するアレーアンテナシステムが，アダプティブアレー (adaptive array) と呼ばれるものである．アダプティブアレーは，無線通信やレーダにおいて，所望の受信波（所望波）方向に適応的にアレーのメインローブを向け，干渉波の方向には適応的にアレーのヌルを向けることにより，常に良好な受信特性を維持することができる．前者の機能をアダプティブビームフォーミング (adaptive beamforming)，後者の機能をアダプティブヌルステアリング (adaptive null steering) という．受信すべき所望波と抑圧すべき干渉波を識別する方法によって，異なったアダプティブアルゴリズムが用いられる．

1. システムモデル

アダプティブアレーの制御アルゴリズムは通常，複素数を用いて記述される．図 **5.8** の N 素子のアダプティブアレーシステムにおいて，各アンテナ素子の時刻 t の受信信号を $x_n(t)$ $(n = 1, \ldots, N)$，その受信信号の振幅と位相を調整するウエイト（重み）を w_n $(n = 1, \ldots, N)$ と表すと，それらは次式の列ベクトル形式で表される．

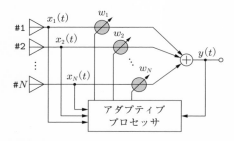

図 **5.8**　N 素子のアダプティブアレーの
システムモデル
($x_n(t)$：第 n 素子の入力，w_n：第 n
素子のウエイト，$y(t)$：アレー出力)

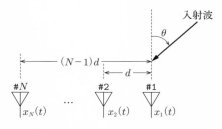

図 **5.9**　N 素子等間隔リニアアレーと
入射波

$$
\begin{cases}
\boldsymbol{x}(t) = [x_1(t), x_2(t), \ldots, x_N(t)]^\mathsf{T} \\
\boldsymbol{w} = [w_1, w_2, \ldots, w_N]^\mathsf{T}
\end{cases}
$$

$\boldsymbol{x}(t)$ は受信ベクトル，あるいはアレーへの入力ベクトルと呼ばれ，$\boldsymbol{w}$ はウエイトベクトルと呼ばれる．このとき，アレーの出力信号 $y(t)$ は

$$
y(t) = w_1^* x_1(t) + w_2^* x_2(t) + \cdots + w_N^* x_N(t) = \boldsymbol{w}^\mathsf{H} \boldsymbol{x}(t) = \boldsymbol{x}^\mathsf{T}(t)\,\boldsymbol{w}^*
$$

と表現される[2]．ただし，上添え字 T，H，$*$ はそれぞれ転置，共役転置，および複素共役を表す．なお，実際のアレー出力（実信号）は $y(t)$ の実部である．また，ウエイト w_n は，図 5.6 の振幅調整重み A_n と移相量 δ_n を用いると

$$
w_n^* = A_n \exp(\mathrm{j}\delta_n) \qquad (n = 1, \ldots, N)
$$

と表される．

　アレーアンテナが図 **5.9** のように素子間隔 d の等間隔リニアアレーであるとし，所望波である平面波が，アレーの垂直方向（ブロードサイド方向）から測って角度 θ_s の方向から入射する場合を考える．このとき，受信ベクトルは次式で表される．

....

[2] 出力を複素内積表現にするために，ウエイトは複素共役にして受信信号に乗じている．

$$\boldsymbol{x}(t) = \left[s(t)g_1(\theta_s), s(t)g_2(\theta_s) \exp\left(-\mathrm{j}\frac{2\pi}{\lambda}d\sin\theta_s\right), \right.$$
$$\left. \cdots, s(t)g_N(\theta_s) \exp\left(-\mathrm{j}\frac{2\pi}{\lambda}d(N-1)\sin\theta_s\right) \right]^{\mathsf{T}} = s(t)\boldsymbol{a}(\theta_s)$$
$$\boldsymbol{a}(\theta_s) = \left[g_1(\theta_s), g_2(\theta_s) \exp\left(-\mathrm{j}\frac{2\pi}{\lambda}d\sin\theta_s\right), \right.$$
$$\left. \cdots, g_N(\theta_s) \exp\left(-\mathrm{j}\frac{2\pi}{\lambda}d(N-1)\sin\theta_s\right) \right]^{\mathsf{T}}$$

ここに, $s(t)$ は第 1 素子における所望波の信号波形 (複素値), $g_n(\theta_s)$ は第 n 素子の θ_s 方向の利得, λ は所望波の搬送波の波長である. また, $\boldsymbol{a}(\theta_s)$ は所望波のアレー応答ベクトル (array response vector), あるいは方向ベクトル (direction vector) と呼ばれる. ウエイトベクトルを $\boldsymbol{w} = \boldsymbol{a}(\theta_s)$ としたアレーアンテナは, メインローブを θ_s 方向に向けた一様励振アレー (uniform excitation array または uniformly excited array) と呼ばれ, すでに説明したフェーズドアレーと等価なシステムとなる.

さて, 入力が時間的に変化するので, アレーアンテナの入力, 出力とも統計的な取扱いが必要となる. 特にアレーアンテナを用いた適応信号処理では, 素子間で信号の合成をしたり相殺をしたりすることになるので, 素子間の相関特性は非常に重要である. そこで, (i, j) 成分が素子 i と素子 j の間における受信信号の相関値を表すようにして行列表現する. これは一般に相関行列 (correlation matrix) と呼ばれ, ここでは, 複素信号による相関行列 $\boldsymbol{R}_{xx}$ を次式で定義する.

$$\boldsymbol{R}_{xx} = \mathrm{E}[\boldsymbol{x}(t)\boldsymbol{x}^{\mathsf{H}}(t)]$$

ここに, $\mathrm{E}[\cdot]$ は期待値を求める操作を表す. 通常のアダプティブアレーのアルゴリズムにおいては, この期待値は有限個のサンプルの時間平均により求める. そして, アレーの出力電力 P_{out} は

$$P_{\mathrm{out}} = \frac{1}{2}\mathrm{E}[|y(t)|^2] = \frac{1}{2}\boldsymbol{w}^{\mathsf{H}}\boldsymbol{R}_{xx}\boldsymbol{w}$$

で与えられる. ここで, 係数 1/2 は受信信号 $s(t)$ の搬送波が尖頭値表現であることによる.

2. MMSE アダプティブアレー

最小 2 乗誤差法 (**MMSE**; Minimum Mean Square Error) にもとづくアダプ

ティブアレー（**MMSE** アダプティブアレー）は 1960 年代に Widrow によって報告されたアダプティブフィルタをもとにする[3]．Widrow らはその概念をアダプティブアレーに応用した．その後，Compton らにより発展され[4, 5]，現在も研究が行われている．

MMSE アダプティブアレーは，受信側で用意する参照信号（所望信号と相関の高い信号）と実際のアレー出力信号との差（誤差信号）を最小にすることによって，最適なウエイトを決定するシステムである．また，所望信号の性質（周波数帯域，変調方式等）に関する予備知識があるので，受信側で前もって所望信号と相関の高い信号を参照信号としてつくることができる[6, 7]．

MMSE の最小化の対象となる誤差信号 $e(t)$，すなわち，参照信号 $r(t)$ と実際のアレー出力信号 $y(t)$ との差は次式で与えられる．

$$e(t) = r(t) - y(t) = r(t) - \boldsymbol{w}^{\mathsf{H}}\boldsymbol{x}(t)$$

それゆえ，誤差信号の 2 乗の期待値（平均 2 乗誤差）は次式で表される．

$$
\begin{aligned}
\mathrm{E}\left[|e(t)|^2\right] &= \mathrm{E}\left[|r(t) - y(t)|^2\right] = \mathrm{E}\left[|r(t) - \boldsymbol{w}^{\mathsf{H}}\boldsymbol{x}(t)|^2\right] \\
&= \mathrm{E}\left[|r(t)|^2\right] - \boldsymbol{w}^{\mathsf{T}}\boldsymbol{r}_{xr}^* - \boldsymbol{w}^{\mathsf{H}}\boldsymbol{r}_{xr} + \boldsymbol{w}^{\mathsf{H}}\boldsymbol{R}_{xx}\boldsymbol{w}
\end{aligned} \tag{5.8}
$$

ここに，$\boldsymbol{r}_{xr}$ は参照信号と入力ベクトルとの間の**相関ベクトル** (correlation vector) であり，次式で定義される．

$$\boldsymbol{r}_{xr} = \mathrm{E}[\boldsymbol{x}(t)r^*(t)] = \left[\mathrm{E}[x_1(t)r^*(t)], \mathrm{E}[x_2(t)r^*(t)], \cdots, \mathrm{E}[x_K(t)r^*(t)]\right]^{\mathsf{T}}$$

ウエイトベクトル $\boldsymbol{w}$ を適切に選ぶことによって式 (5.8) の平均 2 乗誤差を最小にするのが目的であり，その値は最適ウエイトとして次式で与えられる[6, 7]．

$$\boldsymbol{w}_{\mathrm{opt}} = \boldsymbol{R}_{xx}^{-1}\boldsymbol{r}_{xr} \tag{5.9}$$

このウエイトをアレーに用いると，所望波に対するアダプティブビームフォーミングと，干渉波に対するアダプティブヌルステアリングを行うことができる．

3. MSN アダプティブアレー

最大 SNR 法（**MSN**; Maximum Signal-to-Noise ratio）にもとづく **MSN** アダプティブアレーは，1950 年代に Howells によって考案されたサイドローブキャン

セラ (side-lobe canceler) に端を発している．これにより適応的に干渉波に指向性のヌルを向けることが可能となり，その成果は，Howells の特許として認められている[6, 7]．さらに Applebaum がこの原理の解析を行い，出力の SNR を評価基準としてその最大化を行うフィードバックループ (Howells–Applebaum loop) を考案し，所望波の到来方向が既知であるという仮定の下で動作する MSN アルゴリズムの制御理論を確立した[8, 9]．それゆえ，Howells–Applebaum（HA）アダプティブアレーとも呼ばれる．

このアルゴリズムは所望波を含まない干渉波，および雑音のみの入力または入力相関行列を必要とするが，主にレーダの分野で応用されており，レーダパルスを放射しないで，外来の干渉波のみを受信して最適化を行うということがよく行われている．また，レーダパルスが小さいデューティファクタ (duty factor)[※3] である場合は，所望波を受信する時間が短いので，電力的に強い干渉波に比べて無視できるという近似によって，実際には生の受信信号（所望波）を含めて最適化が行われる．

MSN アルゴリズムにもとづいて動作するアダプティブアレーの最適ウエイトを導出するために，まず，評価関数である出力 SNR を求める．入力ベクトルが所望波成分 $s(t)$，干渉波成分 $u(t)$ および熱雑音成分 $n(t)$ からなっているとすると，入力ベクトルは次式で表される．

$$x(t) = s(t) + u(t) + n(t)$$

したがって，アレー出力における所望波成分 $y_s(t)$，干渉波成分 $y_u(t)$ および熱雑音成分 $y_n(t)$ は

$$\begin{cases} y_s(t) = w^\mathsf{H} s(t) = s^\mathsf{T}(t) w^* \\ y_u(t) = w^\mathsf{H} u(t) = u^\mathsf{T}(t) w^* \\ y_n(t) = w^\mathsf{H} n(t) = n^\mathsf{T}(t) w^* \end{cases}$$

と表され，それぞれの出力電力は

[※3] パルス幅をパルス期間（周期）で割った比がデューティファクタである．デューティ比ともいわれる．

$$\begin{cases} P_{S\text{out}} = \dfrac{1}{2}\mathrm{E}\left[|y_s(t)|^2\right] = \dfrac{1}{2}\boldsymbol{w}^{\mathsf{H}}\boldsymbol{R}_{ss}\boldsymbol{w} \\[2mm] P_{U\text{out}} = \dfrac{1}{2}\mathrm{E}\left[|y_u(t)|^2\right] = \dfrac{1}{2}\boldsymbol{w}^{\mathsf{H}}\boldsymbol{R}_{uu}\boldsymbol{w} \\[2mm] P_{N\text{out}} = \dfrac{1}{2}\mathrm{E}\left[|y_n(t)|^2\right] = \dfrac{1}{2}P_n\boldsymbol{w}^{\mathsf{H}}\boldsymbol{w} \end{cases}$$

となる．ここに，$\boldsymbol{R}_{ss}$ および $\boldsymbol{R}_{uu}$ はそれぞれ所望波，干渉波の相関行列であり，P_n は素子あたりの熱雑音電力である．

ところで，アレー入力における所望波成分 $\boldsymbol{s}(t)$ は，アンテナが等方性素子の場合，5.3 節 1. のシステムモデルで説明したように次式で表される．

$$\boldsymbol{s}(t) = s(t)\boldsymbol{a}(\theta_s)$$
$$\left(\boldsymbol{a}(\theta_s) = \left[1, \exp\left(-\mathrm{j}\frac{2\pi}{\lambda}d\sin\theta_s\right), \cdots, \exp\left(-\mathrm{j}\frac{2\pi}{\lambda}d(N-1)\sin\theta_s\right)\right]^{\mathsf{T}}\right)$$

このとき，$\boldsymbol{R}_{ss}$ は

$$\boldsymbol{R}_{ss} = \mathrm{E}\left[\boldsymbol{s}(t)\boldsymbol{s}^{\mathsf{H}}(t)\right] = P_s\boldsymbol{a}(\theta_s)\boldsymbol{a}^{\mathsf{H}}(\theta_s)$$

で与えられる．ただし，P_s は所望波の素子あたりの入力電力である．それゆえ，出力 SNR は

$$\mathrm{SNR} = \frac{P_{S\text{out}}}{P_{U\text{out}} + P_{N\text{out}}} = \frac{\boldsymbol{w}^{\mathsf{H}}\boldsymbol{R}_{ss}\boldsymbol{w}}{\boldsymbol{w}^{\mathsf{H}}\boldsymbol{R}_{nn}\boldsymbol{w}} \tag{5.10}$$

と表される．ここで，$\boldsymbol{R}_{nn}$ は不要成分（干渉波および熱雑音）の相関行列であり，$\boldsymbol{I}$ を単位行列であるとして

$$\boldsymbol{R}_{nn} = \boldsymbol{R}_{uu} + P_n\boldsymbol{I}$$

で定義される．

さて，最大 SNR 法は，文字どおり，ウエイトベクトル $\boldsymbol{w}$ を調整することによって式 (5.10) の出力 SNR を最大にするのが目的である．この解は次式の形で得られる[6, 7]．

$$\boldsymbol{w}_{\mathrm{opt}} = \alpha\boldsymbol{R}_{nn}^{-1}\boldsymbol{a}(\theta_s)$$

ただし，α は非ゼロの任意のスカラーである．これが所望波の到来方向 θ_s を既知とした MSN アダプティブアレーの最適ウエイトである．

さらに，β を非ゼロの任意のスカラーであるとすると

$$\boldsymbol{R}_{nn}^{-1}\boldsymbol{a}(\theta_s) = \beta\boldsymbol{R}_{xx}^{-1}\boldsymbol{a}(\theta_s)$$

が導かれるので[10]，MSN アダプティブアレーの最適ウエイトは

$$\boldsymbol{w}_{\mathrm{opt}} = \boldsymbol{R}_{xx}^{-1}\boldsymbol{a}(\theta_s) \tag{5.11}$$

と表すことができる．ただし，ウエイトの定数倍は意味をもたないため，スカラー係数を 1 とおいている．

このように，所望波を含んだ全受信信号の相関行列を使って常時，最適ウエイトを求めることができるので，無線通信においても MSN アダプティブアレーを利用することができる．

なお，$\boldsymbol{a}(\theta_s)$ がアレーのメインローブの方向を決めることから，MSN アダプティブアレーでは $\boldsymbol{a}(\theta_s)$ をステアリングベクトル (steering vector) と呼ぶことが多い．

4. DCMP アダプティブアレー

Frost は，MMSE アダプティブアレーにウエイトに関する拘束条件を与えたアルゴリズムを提案し，さらにそれを線形拘束条件下での出力電力最小化法へと発展させ，その理論を確立した[11]．続いて，鷹尾，藤田らは，Frost の拘束条件に所望波の方向情報を含ませた，**方向拘束付出力電力最小化法 (DCMP**; Directionally Constrained Minimization of Power) を用いたアダプティブアレー（**DCMP ア ダプティブアレー**）を提案した[12]．この特性は，ソフトウェア制御されるウエイトによってすべて決定されるためにより柔軟性に富み，ソフトウェア上で改良を加えることにより，広帯域の所望波など従来，適用対象から外されていた入力に対しても適用可能性が増している．なお，DCMP アダプティブアレーは，MVDR (Minimum Variance Distortionless Response) ビームフォーマとも呼ばれている．

前掲の図 5.8（90 ページ）の N 素子アダプティブアレーを用いて，DCMP アダプティブアレーのしくみについて説明する．所望波のみがアレーに入射する場合の入力ベクトルは $\boldsymbol{x}(t) = s(t)\boldsymbol{a}(\theta_s)$ と表されるので，それに対するアレー出力は次式で表される．

$$y(t) = \boldsymbol{w}^{\mathsf{H}}\boldsymbol{x}(t) = s(t)\boldsymbol{w}^{\mathsf{H}}\boldsymbol{a}(\theta_s)$$

これが，例えば，$y(t) = hs(t)$（h：定数）であるとすると

$$\boldsymbol{w}^{\mathsf{H}}\boldsymbol{a}(\theta_s) = h \tag{5.12}$$

が成り立つ．逆に式 (5.12) が成り立てば，どのようなウエイトであっても角度 θ_s から入射する所望波の出力は h となる．DCMP では式 (5.12) の条件の下で，アレーの出力電力を最小化し，所望波以外の不要成分を抑圧する．なお，DCMP アダプティブアレーでは，$\boldsymbol{a}(\theta_s)$ に対して式 (5.12) の拘束条件を構成するので，$\boldsymbol{a}(\theta_s)$ を拘束ベクトル，h を拘束応答値と呼ぶ．

通常，条件付き最小化はラグランジュの未定乗数法を用いて解くことになり，その解は次式で与えられる[6, 7]．

$$\boldsymbol{w}_{\mathrm{opt}} = \eta \boldsymbol{R}_{xx}^{-1}\boldsymbol{a}(\theta_s)$$
$$\left(\eta = \frac{h^*}{\boldsymbol{a}^{\mathsf{H}}(\theta_s)\boldsymbol{R}_{xx}^{-1}\boldsymbol{a}(\theta_s)} \right) \tag{5.13}$$

また，MSN アダプティブアレーと同様に，所望波の信号波形情報を必要とするかわりに，所望波の到来方向 θ_s が既知であるとして最適なウエイトが計算される．

5. 3つのアダプティブアレーの比較と4素子リニアアレーの例

MMSE アダプティブアレーの相関ベクトルは，参照信号 $r(t)$ が理想的に所望波 $s(t)$ のみと相関があれば

$$\boldsymbol{r}_{xr} = r_s\boldsymbol{a}(\theta_s) \qquad (r_s : 定数)$$

となる．したがって，MMSE アダプティブアレー，MSN アダプティブアレー，そして DCMP アダプティブアレーの最適ウエイト（式 (5.9), (5.11), (5.13)）は，すべて定係数を除いて同じとなる．すなわち，同じ指向性パターンをつくる．

しかしながら，MMSE アダプティブアレーは，他のアダプティブアレーと異なって，所望波の到来方向についての情報を必要としないことから，所望波の到来方向が変化する移動通信への適用が可能であるという大きな特長をもつ．さらに，ディジタル移動通信においては多重波（多重伝搬波，あるいはマルチパス波

ともいう）による波形ひずみが重大な問題になる（5.6 節参照）．いずれのアダプティブアレーであっても長い遅延時間差を有する多重波は，所望波と相関が低いので，無相関な干渉波と同様に抑圧の対象とする．

　一方，遅延時間差が短い相関の高い多重波に対しては，MMSE アダプティブアレーは参照信号と相関の高い多重波に対しては合成処理をし，空間ダイバーシチ[※4]として動作するので，特に移動通信における多重波対策への応用が期待される．これに対して，MSN アダプティブアレーと DCMP アダプティブアレーは，相関の高い多重波が所望波方向 θ_s 以外から到来すると，それらの合成波を干渉波と判断して抑圧の対象としてしまう．この点が MMSE アダプティブアレーと大きく異なるところである[6,7]．

　例として，等方性素子からなる 4 素子半波長等間隔リニアアレー $(N = 4, d = \lambda/2)$ に所望波（0°）と干渉波（60°）が入射する場合の MMSE アダプティブアレーと，一様励振アレーの指向性パターンを図 **5.10** に示す．ここで，図 5.10(a) では，干渉波は所望波と無相関であるとしている．したがって，干渉波の角度を θ_u，干渉

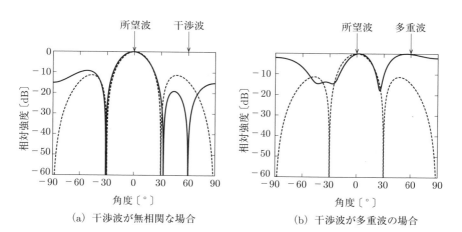

(a) 干渉波が無相関な場合　　　(b) 干渉波が多重波の場合

図 **5.10**　4 素子半波長等間隔リニアアレーを用いた MMSE アダプティブアレーの例 $(\theta_s = 0°,\ \theta_u = 60°,\ P_s = P_u = 1,\ P_n = 0.01)$
（実線が MMSE アダプティブアレーの指向性パターン．破線は，対照としての一様励振アレーの指向性パターン）

[※4] ダイバーシチ技術については 5.6 節 3. の 117 ページ参照．

波の素子あたりの入力電力を P_u とおいて，相関行列は

$$\boldsymbol{R}_{xx} = P_s \boldsymbol{a}(\theta_s) \boldsymbol{a}^{\mathsf{H}}(\theta_s) + P_u \boldsymbol{a}(\theta_u) \boldsymbol{a}^{\mathsf{H}}(\theta_u) + P_n \boldsymbol{I}$$

で表されるので，$\theta_s = 0°$，$\theta_u = 60°$，$P_s = P_u = 1$，$P_n = 0.01$ を代入して MMSE アダプティブアレーの最適ウエイトを求めている．実線が MMSE アダプティブアレーの指向性パターン，破線が $\boldsymbol{w} = \boldsymbol{a}(\theta_s)$ とした一様励振アレーの指向性パターンである．図から，MMSE アダプティブアレーにより $0°$ の所望波方向にメインローブが，$60°$ の干渉波方向にヌルが向けられているのがわかる．なお，干渉波が所望波と無相関であるため，MSN アダプティブアレーおよび DCMP アダプティブアレーも，所望波方向 θ_s が既知であるとすると，MMSE アダプティブアレーと同じ指向性パターンをもつことになる．

一方，図 5.10(b) は，$60°$ の干渉波が所望波と遅延時間差 0 の多重波であるとしたときの指向性パターンである．$60°$ 方向の多重波も所望波同様に受信している様子が確認できる．

5.4　MIMOアンテナ

アダプティブアレーは，その信号処理の性質から，受信アレーアンテナとして用いられることがほとんどである．すなわち，受信側で複数のアンテナを配置したシステムである．一方，送信側と受信側の両方に複数のアンテナを設置し，信号を空間的に多重化することによって，通信速度を向上させるシステムが考えられている．これが **MIMO** (Multiple Input and Multiple Output) と呼ばれる技術を用いたシステムであり，無線 LAN や第 4 世代移動通信 (4G)，第 5 世代移動通信 (5G) において実用化されている．本節では，MIMO システムにおける，マルチアンテナによる信号多重化技術を解説する[13-15]．

1.　送信および受信のマルチアンテナ化と空間多重

MIMO システムは，複数のアンテナを用いた空間領域における信号処理技術によって，単位周波数あたりの伝送速度を高めている．複数のアンテナを用いた信号処理はアダプティブアレーでも行われていたが，MIMO には明確な特徴がある．それは多重波（マルチパス波）を利用していることである．無線通信は空間を

伝送媒体としているため，送信された電波は周囲の地物や壁などによって反射，散乱されて受信アンテナには多重波が到来することになる．これらが重なり合うことによって，マルチパスフェージング (multipath fading) と呼ばれる受信レベルの変動が生じる（4.2節5.および5.6節参照）．この現象は無線特有の問題であり，MIMO が登場する前までは抑圧・低減の対象であった．

　一方，この多重波が存在し，それぞれが独立に時間変動することにより，送信アンテナから受信アンテナにいたるチャネル間の相関が低下することになる．これは，各送信アンテナからの信号を受信側で容易に区別することができることを意味する．このように，MIMO システムでは，従来，厄介であった多重波を積極的に活用することによって信号伝送の多重化を可能にし，伝送速度の向上を図っている．

　送信アンテナ数 N_T，受信アンテナ数 N_R の一般的な MIMO システムを図 **5.11** に示す．$s_1(t), \ldots, s_{N_T}(t)$ は各送信アンテナから送信される送信信号，$y_1(t), \ldots, y_{N_R}(t)$ は各受信アンテナの受信信号，$h_{ij}(i = 1, 2, \ldots, N_R; j = 1, 2, \ldots, N_T)$ は第 j 送信アンテナと第 i 受信アンテナの間のチャネル応答である．いま，多重波伝搬環境を想定しているので，h_{ij} はランダムな値をとり，各チャネル間の相関は低いとする．

　N_T 次元送信信号ベクトル $\boldsymbol{s}(t)$，N_R 次元受信信号ベクトル $\boldsymbol{y}(t)$，および $N_R \times N_T$ のチャネル応答行列 $\boldsymbol{H}$ を

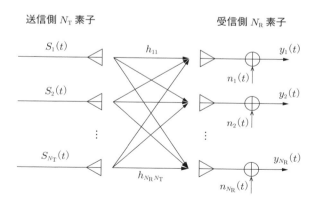

図 **5.11**　一般的な MIMO システム（送信 N_T 素子，受信 N_R 素子）

$$\begin{cases} \boldsymbol{s}(t) = [s_1(t), s_2(t), \ldots, s_{N_\mathrm{T}}(t)]^\mathsf{T} \\ \boldsymbol{y}(t) = [y_1(t), y_2(t), \ldots, y_{N_\mathrm{R}}(t)]^\mathsf{T} \\ \boldsymbol{H} = \begin{bmatrix} h_{11} & \cdots & h_{1N_\mathrm{T}} \\ \vdots & \ddots & \vdots \\ h_{N_\mathrm{R}1} & \cdots & h_{N_\mathrm{R}N_\mathrm{T}} \end{bmatrix} \end{cases}$$

と定義すると，受信信号ベクトル $\boldsymbol{y}(t)$ は

$$\boldsymbol{y}(t) = \boldsymbol{H}\boldsymbol{s}(t) + \boldsymbol{n}(t)$$

と表される．ここで，$\boldsymbol{n}(t) = [n_1(t), n_2(t), \ldots, n_{N_\mathrm{R}}(t)]^\mathsf{T}$ は各受信信号中に含まれる内部雑音（熱雑音）成分を要素とする N_R 次元ベクトルである．その相関行列は内部雑音電力を P_n として

$$\mathrm{E}[\boldsymbol{n}(t)\boldsymbol{n}^\mathsf{H}(t)] = P_n \boldsymbol{I}_{N_\mathrm{R}}$$

で表されるものとする．ただし，$\boldsymbol{I}_{N_\mathrm{R}}$ は N_R 次の単位行列である．

　まず，簡単な例で MIMO システムを用いる理由を考えてみる．あるチャネル出力の SNR を γ とすると，1 Hz あたりのチャネル容量（通信路容量）は次式で与えられる[13, 15]．

$$C_0 = \log_2(\gamma + 1) \quad \text{〔ビット/s/Hz〕} \tag{5.14}$$

ここで，送信電力を 2 倍にしたとき，チャネル出力の SNR も 2 倍になるので，チャネル容量は

$$C_1 = \log_2(2\gamma + 1) \simeq C_0 + 1 \quad \text{〔ビット/s/Hz〕} \tag{5.15}$$

となる．なお，SNR は十分高い（$\gamma \gg 1$）と仮定している．式 (5.15) は，送信電力を 2 倍にしてもチャネル容量は 1 ビット/s/Hz しか改善されないことを示している．一方，同じ特性を有するチャネルを 2 個用意して，独立な情報を受信側に伝送することができれば，チャネル容量は

$$C_2 = 2\log_2(\gamma + 1) = 2C_0 \quad \text{〔ビット/s/Hz〕} \tag{5.16}$$

となり，C_0 の 2 倍となる．つまり，MIMO システムでは，送受信側双方に複数のアンテナを設置し，それらの特性を制御するウエイトを適切に定めることによって，複数のチャネルを実現している．このように，MIMO システムを用いて送信機から受信機にデータを複数の空間的なストリーム（通信経路）で伝送することによって伝送速度を高める技術が MIMO の**空間多重** (SDM; Space Division Multiplexing) である．ただし，送信側でチャネル応答行列 $\boldsymbol{H}$ が未知の場合と既知の場合とで，送受信方法が異なる．以降で，それぞれの場合における空間多重の手法を解説する．

2.　送信側でチャネル応答行列が未知の場合（ZF 法）

送信側でチャネル応答行列 $\boldsymbol{H}$ がわからない場合は，各送信アンテナから等電力かつ等伝送速度で信号を送信することになる．この場合，送信信号が互いに干渉波となるので，受信側ではそれらを分離して取り出す必要がある．これがアダプティブアレーと同様の技術である空間フィルタリングである．図 **5.12** に MIMO の空間フィルタリングのブロック図を示す．このように MIMO は，N_T 個の複数の空間フィルタリングで構成されており，それぞれがアダプティブアレーと同等の信号処理を行う．したがって，全体の空間フィルタリングのための受信ウエイト行列を $\boldsymbol{W}$（$N_\mathrm{R} \times N_\mathrm{T}$ の行列）と表すと，その転置行列を受信信号ベクトル $\boldsymbol{y}(t)$ に乗じて，次式で与えられる全体の空間フィルタリング出力 $\boldsymbol{s}_\mathrm{o}(t)$ を得る．

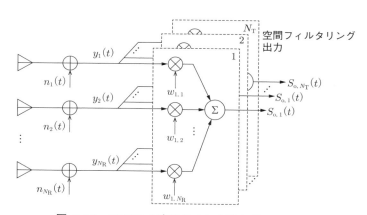

図 **5.12**　MIMO の空間フィルタリング
（N_T ブロックのマルチアダプティブアレー）

$$s_{\mathrm{o}}(t) = \boldsymbol{W}^{\mathsf{T}} \boldsymbol{y}(t) = \boldsymbol{W}^{\mathsf{T}} \boldsymbol{H} \boldsymbol{s}(t) + \boldsymbol{W}^{\mathsf{T}} \boldsymbol{n}(t)$$

ZF 法 (Zero–Forcing) は受信ウエイト行列 $\boldsymbol{W}$ を求めるための手法の 1 つである. その受信ウエイト行列を $\boldsymbol{W}_{\mathrm{ZF}}$ と表すと, 内部雑音を省略したときに $s_{\mathrm{o}}(t) = \boldsymbol{s}(t)$ を満たす必要があることから, 次式を満足する.

$$\boldsymbol{W}_{\mathrm{ZF}}^{\mathsf{T}} \boldsymbol{H} = \boldsymbol{I}_{N_{\mathrm{T}}}$$

ここで, $\boldsymbol{I}_{N_{\mathrm{T}}}$ は N_{T} 次の単位行列である. さらに, この $\boldsymbol{W}_{\mathrm{ZF}}$ は, 一般逆行列[16] を用いて

$$\boldsymbol{W}_{\mathrm{ZF}} = \boldsymbol{H}^{*} \left(\boldsymbol{H}^{\mathsf{T}} \boldsymbol{H}^{*} \right)^{-1} \tag{5.17}$$

$$\boldsymbol{W}_{\mathrm{ZF}}^{\mathsf{T}} = \left(\boldsymbol{H}^{\mathsf{H}} \boldsymbol{H} \right)^{-1} \boldsymbol{H}^{\mathsf{H}} \tag{5.18}$$

と求められるので, 出力は次式で表される.

$$s_{\mathrm{o}}(t) = \boldsymbol{s}(t) + \boldsymbol{W}_{\mathrm{ZF}}^{\mathsf{T}} \boldsymbol{n}(t)$$

このように, ZF 法を用いると干渉を完全に除去できる. しかし, 干渉除去のために内部雑音成分を強調してしまうことがある. つまり, 上式の右辺第 2 項が大きくなってしまうことがあるので, 注意が必要である.

3.　送信側でチャネル応答行列が未知の場合（MMSE 法）

ZF 法の内部雑音成分を強調してしまう問題を低減するため空間フィルタリング出力に含まれる干渉成分と内部雑音成分の両方の影響を考慮して, 受信ウエイト行列を決定するものが **MMSE 法** (Minimum Mean Square Error) である. MMSE 法では, 前掲の図 5.12 において, N_{T} 個の各ブロックが MMSE アダプティブアレーとなる. 具体的には, 空間フィルタリング出力と送信信号との平均 2 乗誤差を最小にするように受信ウエイト行列を決定する.

受信ウエイト行列の j 番目の列要素からなる N_{R} 次元のウエイトベクトルを $\boldsymbol{w}_j$ と表すと, j 番目のフィルタリング出力に対応する誤差 $e_j(t)$ は次式で表される.

$$e_j(t) = \boldsymbol{w}_j^{\mathsf{T}} \boldsymbol{y}(t) - s_j(t)$$

上式で，$s_j(t)$ は j 番目の送信信号（参照信号）で，N_T 次元送信信号ベクトル $\boldsymbol{s}(t)$ の j 番目の要素である．このとき，平均 2 乗誤差の総和 J は次式で与えられる．

$$J = \sum_{j=1}^{N_\mathrm{T}} \mathrm{E}\left[|e_j(t)|^2\right]$$

続いて，J を最小化する受信ウエイト行列を $\boldsymbol{W}_\mathrm{MMSE}$ と表すと，それは次の形で求められる[13]．

$$\boldsymbol{W}_\mathrm{MMSE} = \boldsymbol{H}^* \left(\boldsymbol{H}^\mathsf{T}\boldsymbol{H}^* + \frac{N_\mathrm{T}}{\gamma_0}\boldsymbol{I}_{N_\mathrm{T}}\right)^{-1} \tag{5.19}$$

$$\boldsymbol{W}_\mathrm{MMSE}^\mathsf{T} = \left(\boldsymbol{H}^\mathsf{H}\boldsymbol{H} + \frac{N_\mathrm{T}}{\gamma_0}\boldsymbol{I}_{N_\mathrm{T}}\right)^{-1} \boldsymbol{H}^\mathsf{H} \tag{5.20}$$

ただし，γ_0 は総送信電力を 1 素子のみで送信した場合の平均受信 SNR である．

ここで，式 (5.17), (5.18) で与えられる ZF 方式の受信ウエイト行列と上の 2 つの式を比較すると，上の 2 つの式では，γ_0 が非常に大きい，すなわち，SNR が高い場合，MMSE 法の受信ウエイト行列は ZF 法のそれに近い値をとる．逆に γ_0 が非常に小さくなる SNR が低い場合は，式 (5.19), 式 (5.20) の逆行列の部分は単位行列の定数倍に近似される．その結果，$\boldsymbol{W}_\mathrm{MMSE}^\mathsf{T}$ は $\boldsymbol{H}^\mathsf{H}$ に比例することになり，MMSE 法の受信ウエイト行列を乗じられた $\boldsymbol{W}_\mathrm{MMSE}^\mathsf{T}\boldsymbol{y}(t)$ は定係数を除いて $\boldsymbol{H}^\mathsf{H}\boldsymbol{y}(t)$ に等しくなる．

したがって，受信ウエイト行列 $\boldsymbol{W}_\mathrm{MMSE}$ は，最大比合成ダイバーシチ[5]を実現していることがわかる[13]．すなわち，受信したい信号が弱く，内部雑音が支配的な場合には，MMSE 法は干渉を抑圧するのではなく，信号レベルを高めて内部雑音の影響を軽減するように動作するのである．

このように，MMSE 法は干渉抑圧からダイバーシチまで，SNR に応じて適応的にその性質を変化させる優れた手法である．

4. 送信側でチャネル応答行列が既知の場合（E-SDM 法）

E–SDM 法 (Eigenbeam–SDM) は，$N_\mathrm{T} > N_\mathrm{R}$ において，送信側で $N_\mathrm{T} \times N_\mathrm{R}$ の送信ウエイト行列 $\boldsymbol{W}_\mathrm{et}$ を用いて N_R 個の異なるビームを形成し，各ビームにス

[5] 無線伝送路で生じるフェージング補償技術の 1 つで，複数のアンテナで受信した信号を適切に合成することによって信号品質を改善する．詳細は 5.6 節を参照されたい．

トリーム (stream) を対応させる．一方の受信側では $N_R \times N_R$ の受信ウエイト行列を用いることにより，干渉のない N_R 個のストリームを受信することができる．

このとき，受信ベクトルに，受信ウエイト行列を乗じて得られる空間フィルタリング出力 $s_o(t)$ は次式で表される．

$$s_o(t) = W_{er}^{\mathsf{T}}(HW_{et}s(t) + n(t)) \tag{5.21}$$

送受信側のウエイト行列の決定は以下のように行われる．チャネル応答行列 H のランクを M とする（$M = \mathrm{rank}(H) \leq \min\{N_T, N_R\} = N_R$）と，ストリーム数 L は M 以下の値をとることになり，$L \leq M$ が成立している．

ここで，次式で表される，H の**特異値分解**（**SVD**; Singular Value Decomposition）[16] を考える．

$$H = U\Sigma V^{\mathsf{H}}$$

$$\begin{cases} \Sigma = \mathrm{diag}\{\sqrt{\lambda_1}, \sqrt{\lambda_2}, \cdots, \sqrt{\lambda_M}\} \\ \quad (\sqrt{\lambda_1} \geq \sqrt{\lambda_2} \geq \cdots \geq \sqrt{\lambda_M} > 0) \\ U = [u_1, u_2, \cdots, u_M] \\ V = [v_1, v_2, \cdots, v_M] \end{cases}$$

ここに，Σ は M 個の非ゼロ特異値 $\sqrt{\lambda_i}$ $(i = 1, \cdots, M)$[*6]が対角線に並ぶ対角行列である．U は $N_R \times M$ の行列で，u_i $(i = 1, \cdots, M)$ は**左特異ベクトル**と呼ばれる．u_i は $N_R \times N_R$ のエルミート行列 HH^{H} の M 個の非ゼロの固有値に対応する固有ベクトルに等しい．また，V は $N_T \times M$ の行列で，v_i $(i = 1, \cdots, M)$ は**右特異ベクトル**と呼ばれる．v_i は $N_T \times N_T$ のエルミート行列 $H^{\mathsf{H}}H$ の M 個の非ゼロの固有値に対応する固有ベクトルに等しい．

左特異ベクトルも右特異ベクトルも，エルミート行列の固有ベクトルなので

$$\begin{cases} U^{\mathsf{H}}U = I_M \\ V^{\mathsf{H}}V = I_M \end{cases}$$

が成り立つ．つまり，それぞれのベクトルは正規直交することを意味している．

....

[*6] λ_i は行列 HH^{H} または $H^{\mathsf{H}}H$ の固有値を表しており，行列 H の特異値はこの固有値の平方根となる．

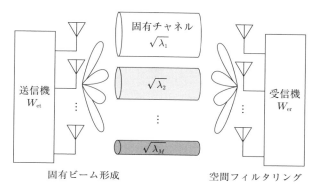

図 5.13　E–SDM の送受信構成（W_{et}：送信ウエイト行列，W_{er}：受信ウエイト行列）

$N_{\mathrm{R}} = M = L$ の場合，この関係を利用して

$$
\begin{cases}
W_{\mathrm{et}} = V \\
W_{\mathrm{er}} = U^{*}
\end{cases}
$$

とおくと，式 (5.21) の空間フィルタリング出力は次式で表される．

$$
\begin{aligned}
s_{\mathrm{o}}(t) &= W_{\mathrm{er}}^{\mathsf{T}} H W_{\mathrm{et}}\, s(t) + W_{\mathrm{er}}^{\mathsf{T}}\, n(t) \\
&= U^{\mathsf{H}} U \boldsymbol{\Sigma} V^{\mathsf{H}} V s(t) + U^{\mathsf{H}} n(t) \\
&= \boldsymbol{\Sigma} s(t) + U^{\mathsf{H}} n(t)
\end{aligned}
$$

行列 $\boldsymbol{\Sigma}$ は，対角行列であるので，受信フィルタリング出力で送信信号間の干渉がない信号が得られる．これが E–SDM 法の送受信処理である．図 5.13 は，E–SDM の送受信の概念図を示している．$\sqrt{\lambda_i}$ の大きさをもつ各固有チャネルが送信ストリームに対応している．

　一方，E–SDM 法では，送信ウエイトを決定するために必要とされるチャネル特性に誤差が含まれることがある．また，時変動するチャネルでは，送信ウエイトを決定したときに用いたチャネルと，実際に送信を行うときのチャネルが異なっていることが考えられる．この場合，送信ウエイトは最適にはならず，ストリーム間に干渉が生じる．しかし，このような場合でも，ZF 法や MMSE 法の受信ウエイトを用いると，干渉を抑圧することが可能となる[14, 15]．

5.5　電波伝搬の基礎

1.　電波伝搬

　無線通信は，伝送したい情報を信号に変換し，それを電波として遠方へと搬送するものである．送信信号は送信機の中で電気信号として生成され，アンテナにより，電界および磁界の信号，つまり電波に変換され，空間中を伝搬可能な形で放射される．受信アンテナでは，電波を再度，電気信号に変換し，これを受信機においてもとの情報に変換する．**電波伝搬**とは，この一連のプロセス中の，空間中の電波の伝搬を指し，工学的には，その特徴や性質を把握することが重要となる．

　なお，無線通信を想定した場合には，一般に伝搬する空間の媒質として大気を想定する．大気の媒質定数 (誘電率，透磁率，導電率) は真空の値にほぼ等しいので，短波通信における電離層での反射などの場合を除いて，多くの場合には真空における電磁界理論が適用できる．また，私たち人間が生活する空間が，無線通信にとって最も重要な環境であるからである．

2.　自由空間伝搬

　周囲に反射・遮蔽・回折する他の物体がない環境，例えば宇宙空間のような環境を考える．このような環境を自由空間，また自由空間における電波の伝搬を**自由空間伝搬** (free space propagation) と呼ぶ．さらに，自由空間において，等方性，つまり，全角度方向に対して等しい放射，および受信特性をもつ送受信アンテナを用いる場合の両アンテナ間の電力伝送損失を，**自由空間伝搬損失** (free space propagation loss) と呼ぶ (図 **5.14**).

　送信電力を P_T，受信電力を P_R とする．送信アンテナに入力された全電力が空間に放射されると仮定すると，送信アンテナが等方性であるので，送信点から距

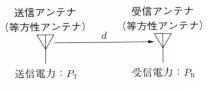

図 **5.14**　自由空間伝搬

離 d の位置における単位面積あたりの電波の電力密度は $P_T/(4\pi d^2)$ となる．受信アンテナの位置での送受信点を結ぶ方向に垂直な面内での単位面積あたりの受信電力 (受信電力密度) と受信アンテナ出力電力との比を**実効面積** (effective area) と呼ぶ．つまり，実効面積は，アンテナが等価的にある面積分の電波の電力を捕えることができると考えた場合の仮想的な面積である．等方性アンテナの実効面積は，微小ダイポールアンテナの実効面積から計算され，$\lambda^2/4\pi$ である (λ は電波の波長)．したがって，受信電力は

$$P_R = P_T \frac{1}{4\pi d^2} \frac{\lambda^2}{4\pi} \tag{5.22}$$

となる．自由空間伝搬損失は P_T/P_R により与えられるから，これを L と表せば

$$L = \left(\frac{4\pi d}{\lambda}\right)^2 \tag{5.23}$$

となる．

　一方，図 5.14 では送受信アンテナを等方性アンテナと仮定したが，等方性でない場合には，式 (5.6) (85 ページ) で与えられる指向性利得をもつ．すなわち，送信アンテナ/受信アンテナが，それぞれ対向する受信アンテナ/送信アンテナの方向に対して，G_T および G_R の指向性利得をもつものとする．送信アンテナの指向性利得 G_T は，送信アンテナから放射された電波の受信地点での電力強度を G_T 倍だけ強める効果がある．また，受信アンテナの指向性利得 G_R は，送信アンテナ方向から送信される信号電力を G_R 倍だけ強める効果がある．したがって，受信電力は，以下のように送受信アンテナの指向性利得倍だけ大きくなる．

$$P_R = P_T G_T G_R \left(\frac{\lambda}{4\pi d}\right)^2 = \frac{P_T G_T G_R}{L} \tag{5.24}$$

この式は，**フリスの伝送公式** (またはフリスの伝達公式) (Friis' transmission equation) と呼ばれ，送信電力，送受信アンテナ指向性利得，周波数，送受信点間距離から受信電力を求める場合に使われる，無線通信における最も基本的な式の 1 つである．

3. 電波の反射，回折

(1) 反 射

空間中の媒質特性に変化がない場合には，自由空間伝搬のように，電波は基本的に直線的に伝搬する．それに対して，媒質に変化があると，そこで反射，透過，回折，散乱といった現象が発生する．図 **5.15** はこれらの現象を模式的に示している．

反射 (reflection) とは，空間を構成する 2 つの媒質の境界面が平面である場合に，電波が境界面において入射する側の媒質に跳ね返される現象である．透過 (transmission) とは，反射において入射される側の媒質内に浸透する現象である．回折 (diffraction) とは，境界面が角のような形状を有する際，その角によって電波が周囲に散乱され，障害物の後方など，見通し外を含めて電波が伝わる現象である．散乱 (scatter) とは，有限の大きさの物体に電波が入射した場合に，後述する正規反射を含めた全角度に電波が反射・回折する現象である．

ただし，これらの現象は互いにオーバラップしており，技術分野ごとに言葉の使い方が微妙に異なる．本書が対象とする通信システム分野 (特に移動通信システム分野) の電波伝搬では，反射および回折現象が支配的であり，一般に散乱という表現は用いない．一方，レーダ分野では，主に散乱という用語が用いられる．

反射・透過・回折・散乱すべての現象は，媒質中の境界条件を考慮して，マクスウェル方程式を解くことによって得られる．例えば，反射は以下の結果となる．図 **5.16** に示すように，境界面に対する入射角を θ_i，反射角を θ_r とすると，$\theta_r = \theta_i$ となる．これは正規反射と呼ばれ，光学におけるスネルの法則と同一である．

図 5.16 において，入射波の電界 E_i に対する反射波の電界 E_r の比 (位相の変化

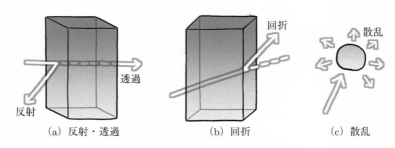

(a) 反射・透過　　　　　　(b) 回折　　　　　(c) 散乱

図 **5.15**　電波の反射，透過，回折，散乱

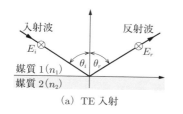
(a) TE 入射

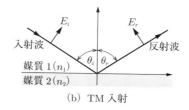
(b) TM 入射

図 5.16 入射角と反射角

を含む複素数) を反射係数 (reflection coefficient) と呼び，ここでは R で表す．R は境界面に対する偏波に依存して異なるものとなる．入射波を平面波として，入射波の波面と境界面の両方に直交する面を基準面 (ここでは入射面と呼ぶ) にとり，偏波方向を考える．電界が入射面に垂直な入射を TE (Transverse Electric) 入射，平行な入射を TM (Transverse Magnetic) 入射と呼ぶ．それぞれの場合の反射係数 R は，以下で与えられる．

$$R = \begin{cases} \dfrac{\mu_2 \cos\theta_i - \mu_1 \sqrt{n^2 - \sin^2\theta_i}}{\mu_2 \cos\theta_i + \mu_1 \sqrt{n^2 - \sin^2\theta_i}} & \text{(TE 入射)} \\[3mm] \dfrac{\mu_1 n^2 \cos\theta_i - \mu_2 \sqrt{n^2 - \sin^2\theta_i}}{\mu_1 n^2 \cos\theta_i + \mu_2 \sqrt{n^2 - \sin^2\theta_i}} & \text{(TM 入射)} \end{cases} \tag{5.25}$$

上式において，n は媒質 1 に対する媒質 2 の屈折率である．屈折率 n は，媒質 1 および媒質 2 のそれぞれの媒質定数 (誘電率，透磁率，導電率) を，$(\varepsilon_1, \mu_1, \sigma_1)$ および $(\varepsilon_2, \mu_2, \sigma_2)$ として，さらにそれらの値から与えられるそれぞれの媒質の屈折率 n_1 および n_2 を用いて，以下の式で表される．

$$n = \frac{n_2}{n_1} = \sqrt{\frac{\left(\varepsilon_2 - j\dfrac{\sigma_2}{\omega}\right)\mu_2}{\left(\varepsilon_1 - j\dfrac{\sigma_1}{\omega}\right)\mu_1}} \tag{5.26}$$

ここで，ω は電波の角周波数である．

図 5.17 は，反射係数の具体的な例として，真空 (空気でもほぼ同じ) と大地の境界面における，入射角に対する反射係数 R の振幅の変化を示している．電波の周波数は 1 MHz ～ 100 MHz と変化させている．反射係数 R の振幅は，入射角の増加にともなって，TE 入射の場合には単調に増加するが，TM 入射の場合にはいったん減少して最小値をとる．この最小値をとる角度をブリュスター角 (Brewster's

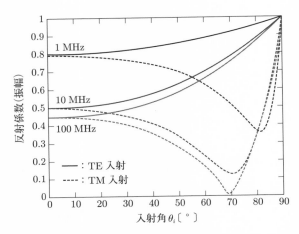

図 **5.17**　入射角に対する反射係数の変化 (大地面による反射)

angle) という. 周波数が高くなれば反射係数が 0 となる場合が生じる. また, $\theta_i = 0$ 〔°〕および 90〔°〕の場合には, TE 入射と TM 入射は同じ振幅となっている. $\theta_i = 0$〔°〕の場合には TE 入射も TM 入射も境界面に正面から入射することとなり同じ入射となる. 対して, $\theta_i = 90$〔°〕の場合には境界面に平行な入射となり, TE 入射でも TM 入射でも R の振幅は 1 となる. 図には示していないが, この場合の R の位相は逆相であり, 複素数としての反射係数は −1 となる.

なお, 通信に用いられる周波数は一般的には 100 MHz 以上である. この周波数帯では, 反射係数の周波数特性はほぼ無視できる. つまり, 通信に用いる周波数帯では, 反射係数は図 5.17 の 100 MHz における特性と同一と考えてよい.

(2) 回　折

次に, 電波の回折について述べる. 回折の代表的な現象は, ついたてを置いた場合の見通し外領域への電波の回り込みである. このような回折の特性を求める基本的な考えとして, ナイフエッジ回折 (knife-edge diffraction) がある.

図 **5.18**(a) に示す, 送信点 T と受信点 R が z 軸上にあり, 距離 $d_1 + d_2$ だけ離れている状況を考える. ここで, xy 平面上に無限半平面のついたてがあり, このついたてで見通しがさえぎられている. ついたての高さは送受信点を結ぶ直線から H の高さがあるものとする (H が負の場合も対象とする).

このような場合の送受信点間の伝搬特性は, ホイヘンスの原理 (Huygens' prin-

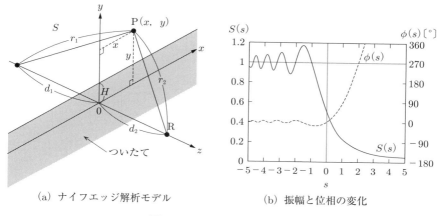

(a) ナイフエッジ解析モデル　　　　　　(b) 振幅と位相の変化

図 **5.18**　ナイフエッジ回折

ciple) にもとづき計算することができる．ホイヘンスの原理とは，「伝搬する波動の次の瞬間の波面の形状を考える場合，波面のすべての点から二次波 (球面波) が出ていると考え，この二次波の包絡面が次の瞬間の新たな波面となる」というものである．

このホイヘンスの原理における二次波源を図 5.18(a) の xy 面上で考える．xy 面上のついたてがない部分の半平面 S 上の点 $\mathrm{P}(x, y)$ における電界 $\boldsymbol{E}(x, y)$ は，送信点から距離 r_1 だけ直線的に伝搬したものと考えると，$\mathrm{e}^{-\mathrm{j}kr_1}/r_1$ に比例すると考えることができる．k は波数 $2\pi/\lambda$ である．これを二次波源と考え，受信点 R まで再度，直線的に伝搬することを考え，その電界を S 上で積分することにより，受信点 R における電界 $\boldsymbol{E}_{\mathrm{KE}}$ は

$$\boldsymbol{E}_{\mathrm{KE}} = \int_S \boldsymbol{E}(x, y) \frac{\mathrm{e}^{-\mathrm{j}kr_2}}{r_2} \,\mathrm{d}S = K \int_S \frac{\mathrm{e}^{-\mathrm{j}k(r_1+r_2)}}{r_1 r_2} \,\mathrm{d}S \qquad (5.27)$$

と与えられる．ここで，K は送信電力に比例する定数である．式 (5.27) の積分を xy 全平面で行えば，ついたてのない場合の電界が求まる．これを $\boldsymbol{E}_0$ として，式の変形を経て，$\boldsymbol{E}_{\mathrm{KE}}$ は以下の積分によって与えられる．

$$\frac{\boldsymbol{E}_{\mathrm{KE}}}{\boldsymbol{E}_0} = \sqrt{\frac{\mathrm{j}}{\pi}} \int_s^\infty \mathrm{e}^{-\mathrm{j}t^2} \,\mathrm{d}t \qquad (5.28)$$

ここで，s は正規化したついたて高であり

$$s = \sqrt{\frac{\pi(d_1 + d_2)}{\lambda\, d_1 d_2}} \cdot H \tag{5.29}$$

である. 図 5.18(b) は, 式 (5.28) の値を以下のように振幅と位相に分けて, s の変化に対して描いたものである.

$$\frac{\boldsymbol{E}_{\mathrm{KE}}}{\boldsymbol{E}_0} = S(s)\, \mathrm{e}^{-\mathrm{j}\phi(s)} \tag{5.30}$$

$s = 0$ は, ついたてにより, 半分の平面が遮蔽されている状況である. この場合には, 受信電界の振幅 $S(s)$ は, ついたてがない場合に比べて 1/2 となる. また, ついたて高が正の値をとり増加する, つまり, 遮蔽度合いが大きくなると, 受信点に到達する電波の強度は徐々に低下する. 逆に, s が負の値となる, つまり, TR間の見通しがある場合には, s の減少に対して振幅は振動的に変化する. これは, 二次波源を経由する伝搬路と直接波の伝搬路との経路差が, 二次波源の位置ごとに相互に増加させたり減少させたりする関係となるからである. さらに s が減少すると最終的には 1 に収束する. これはついたての影響がなくなり, $\boldsymbol{E}_{\mathrm{KE}} = \boldsymbol{E}_0$ となることを意味している.

5.6 移動通信システムの電波伝搬

1. 信号強度変動の3要素

本節では, 移動通信環境を対象として, 電波伝搬現象の中でも特に重要な, 送受信点間の伝搬損失特性について述べる. 伝搬損失は, 受信信号の信号強度を決定するものである. 移動通信環境では, 信号強度変動の要素は, 変動の空間的なスケールと発生メカニズムから, 次の3つに大別されることが知られている[18]. 図 **5.19** はこの3つの変動要素を模式的に示している.

(1) 距離特性

まず, 大きな空間スケールの変化として, 距離特性 (path loss) がある. 距離特性とは, 基地局, 移動局間の距離に応じて, 平均的な伝搬損失が変化することである. つまり, 基地局から離れた場所では信号強度は低下し, 近い場所では信号強度は上昇する. 距離特性は, 周囲に反射・遮蔽・回折する他の物体がない環境では, 式 (5.23) (107 ページ) で表される距離の 2 乗に比例して伝搬損失が増加する自由空間伝搬損失となる. 一方, 送受信点間が建物などにより遮蔽されるこ

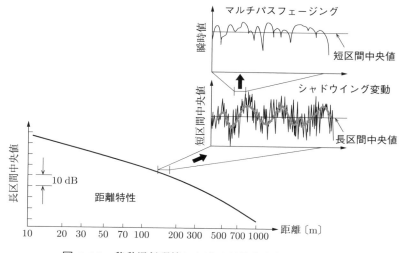

図 **5.19** 移動通信環境における信号強度変動の3要素

とが多い移動通信環境では，伝搬損失は自由空間伝搬損失よりもさらに大きくなり，一般に距離の3〜4乗に比例する．移動通信システム環境における具体的な距離特性については，移動通信が開始される前後から実測などによりモデル化が行われてきた．伝搬損失の距離特性はセル構成 (6.1 節参照) のための基地局配置を設計する際に重要であり，多くの検討が行われてきた．その先鞭となった奥村カーブ[18] は特に有名であり，後に続く多くの研究の礎となった．奥村カーブは測定値の集合体であったが，その後，秦により式として表され，利便性が向上した．これを**奥村–秦式** (Okumura–Hata formula)[19] と呼ぶ．以下に奥村–秦式の一例を示す．伝搬損失を L 〔dB〕として以下の式で表される．

$$L = 69.55 + 26.16 \log f_0 - 13.82 \log h_b - a(h_m) \\ + (44.9 - 6.55 \log h_b) \log d \tag{5.31}$$

h_b は基地局アンテナ高〔m〕，d は基地局–移動局間距離〔km〕，f_0 は電波のキャリア周波数〔MHz〕，h_m は移動局アンテナ高〔m〕である．$a(h_m)$ は移動局アンテナ高に依存する補正項である．この奥村–秦式は，基地局高が比較的高く，セル半径が大きいセル環境において，見通し外となる場合の伝搬損失を与える式である．

(2) シャドウイング変動

　図 5.19 に示すように，距離特性をともなう信号強度変動を，横軸を拡大して距離特性が一定とみなせる程度の範囲とすると，短周期の変動の中央値が数十 m 程度の空間スケールで変動する現象が観測される．これは，移動局周辺の遮蔽の強さに起因する強度変動であり，**短区間中央値変動**，あるいは，**シャドウイング変動** (shadowing) という．移動局周辺の建物密度に変化がある環境の中を移動端末が移動することにより，シャドウイング変動が生じる．シャドウイングによる信号強度変動の分布は確率変数の対数値が正規分布にしたがう**対数正規分布** (log–normal distribution) でモデル化できるといわれている．その標準偏差は，過去の屋外市街地環境における測定において 6 dB 程度の値であることが報告されている．また，近年の標準化モデルなどでは，環境に応じて 4 ～ 10 dB 程度の値が用いられている．

(3) マルチパスフェージング

　短区間中央値が一定とみなせる程度の空間スケールで，受信信号の強度変動をより拡大して観測すると，半波長程度の空間スケールの信号強度変動が観測される．移動通信環境では，基地局から送信された信号は，移動端末における受信点までに，周囲の建物などによる反射・回折を経た複数の異なる経路の合成信号を受信することになる．この状況を**図 5.20** に模式的に示す．この合成の際，異なる方向から到来する受信信号がそれらの信号の位相関係にともなって相互に強め合ったり弱め合ったりする現象，つまり，干渉が発生する．その結果，空間的に信号強度の強弱が発生する．この環境中を移動端末が移動することにより，信号強度変動が生じる．これを**マルチパスフェージング** (multipath fading) と呼ぶ．マルチパスフェージングは発生メカニズムから，伝送線路における定在波と同様に考えることができ，その変動のスケールは半波長程度の周期となる．

　マルチパスフェージングによる受信信号強度の分布は，基地局，移動局間が見通し外となる環境では**レイリー分布** (Rayleigh distribution) で，見通し内では**仲上–ライス分布** (Nakagami–Rice distribution) でモデル化される．それぞれの分布でモデル化されるフェージングを**レイリーフェージング**，**仲上–ライスフェージング**と呼ぶ．

　マルチパスフェージングは，移動端末の移動にともなって信号強度が時間的に高速に変動することから，移動環境で安定な無線伝送を行ううえでは，大きな技

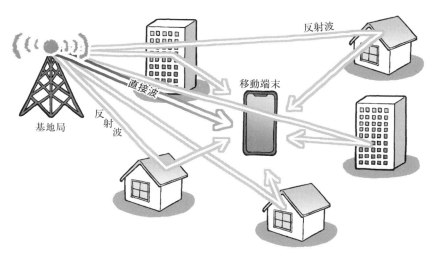

図 5.20 マルチパスフェージングの発生環境
（直接波のない環境はレイリーフェージング環境．対して直接波のある環境は仲上–ライスフェージング環境となる）

術的課題となる．したがって，移動通信システムやその技術の検討の際には，この影響を考慮する必要がある．一般に移動通信システムの技術検討にあたっては，より影響の大きいレイリーフェージングを想定することが多い．以下では，レイリーフェージングについて詳しく述べる．レイリーフェージングは見通し外環境に移動端末があり，直接波が受信できない環境をモデル化したものである．

　図 5.20 に示すように，一般に移動端末では異なる方向から多くの電波が到来する．したがって，移動端末において受信される信号は，それぞれの到来波を位相を考慮して合成した信号となる．このとき，それぞれの到来波は相互に無相関な変動と考えられる．到来波数が大きいと仮定すると受信信号 (複素数) の分布は，「多数の無相関な確率変数の和の分布はガウス分布 (正規分布) になる」という中心極限定理にもとづき，複素ガウス分布 (complex Gaussian distribution) となる．複素ガウス分布とは，実数成分および虚数成分がそれぞれ同じ標準偏差で，平均が 0 の正規分布であり，両成分が無相関となる複素数の分布である．

　この受信信号の振幅を r とすると，r の確率密度関数 $\Pr(r)$ は次の式で示されるレイリー分布となる．そのため，このようなフェージング環境をレイリーフェー

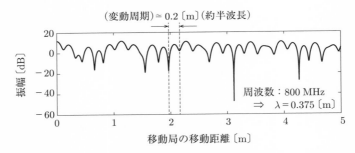

図 5.21 レイリーフェージングによる信号強度変動の例

ジング環境と呼ぶ.

$$\Pr(r) = \frac{r}{\sigma_s{}^2} \exp\left(-\frac{r^2}{2\sigma_s{}^2}\right) \tag{5.32}$$

ここで，σ_s は複素ガウス分布を構成する実数・虚数成分の正規分布の標準偏差である.

　図 5.21 は，レイリーフェージングによる受信信号強度変動をシミュレーションによって求めた例である．電波の周波数は 800 MHz としており，波長は 37.5 cm である．同図から，レイリーフェージングによる信号強度の変動周期は半波長程度となっていることがわかる．また，瞬間的には 40 dB にも達する大きな信号強度の低下がみられる．ディジタル通信ではこのような大きな信号強度の低下が発生すると，ビット誤りがかたまりとなって生じるバーストエラーが発生し，通信品質が大幅に劣化する.

2.　マルチパス伝搬遅延と無線伝送特性への影響

　5.3 節 5. および本節でも述べたように，移動通信環境はマルチパス環境となる．マルチパス環境では，複数の異なる経路を通った信号の合成信号を受信することが避けられない．図 5.22 に示すように，この経路の長さの差に起因して，それぞれの伝搬路を経る信号の受信局への到着時間に差が生じる．これをマルチパス遅延 (multipath delay) と呼ぶ．以下では，これを単に遅延と呼ぶ.

　遅延は通常，最短経路の到着時間を基準として表される．図 5.23 に模式的に示すように，遅延軸上の信号強度分布について，到来するマルチパスの統計的性質が変化しない空間内で，電力次元で平均したものを遅延プロファイル (delay profile)

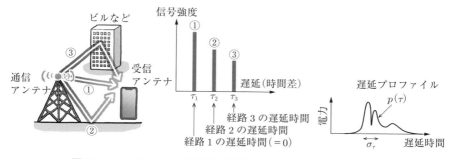

図 **5.22** マルチパス伝搬路の遅延　　図 **5.23** 遅延プロファイル

と呼ぶ.

　さらに，到来遅延時間分布の電力重み付け標準偏差は**遅延スプレッド** (delay spread) と呼ばれ，伝搬路の遅延分散の大きさを示す指標として広く用いられている. 遅延スプレッド σ_τ は，各到来波の遅延時間を τ として，遅延プロファイル $p(\tau)$ を用いて，次式で定義される.

$$\sigma_\tau = \sqrt{\frac{\int_0^\infty \tau^2 p(\tau)\,\mathrm{d}\tau}{\int_0^\infty p(\tau)\,\mathrm{d}\tau} - \left(\frac{\int_0^\infty \tau p(\tau)\,\mathrm{d}\tau}{\int_0^\infty p(\tau)\,\mathrm{d}\tau}\right)^2} \tag{5.33}$$

　マルチパス遅延はディジタル伝送特性に大きな特性劣化をおよぼす. 伝送路の遅延スプレッドがディジタル符号のシンボル長 T_s の 0.1 ～ 0.2 倍程度を超えると，信号強度が十分に大きくても，マルチパス遅延の影響でビット誤り率 (**BER**; Bit Error Rate) がフロア特性（SNR を増加させても誤り率が減少しない特性）を示す. この誤り特性は **BER** フロアや低減不可能な符号間干渉誤り (irreducible error) などと呼ばれる.

3. フェージング対策技術

　すでに述べたように，フェージングによる信号強度変動の影響低減は，移動通信の技術開発において，重要な技術課題である. ダイバーシチ (diversity) は，フェージング対策の１つであり，実装が簡単である一方，フェージング低減の効果が大きく，従来から多用されている.

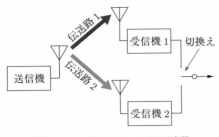
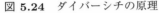

図 **5.24**　ダイバーシチの原理

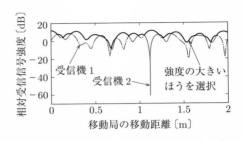

図 **5.25**　ダイバーシチを用いた場合の信
号強度変動の例
（搬送波周波数：800 MHz，2 受信
機のフェージング変動は無相関）

　図 **5.24** はダイバーシチの原理を概念的に示している．前掲の図 5.21 に示した
ように，レイリーフェージング環境では数十 dB にものぼるフェージングによる信
号強度の低下が発生し，これによる伝送信号の品質劣化が避けられない．しかし，
そのような大きな強度低下が発生する確率は必ずしも大きくない．そこで，例え
ば 2 つの受信機を用い，フェージング変動が異なる程度に，2 つの受信機を空間
的に分離して設置する．このようなフェージング変動の相関が低下する距離を**相
関距離**と呼び，例えば水平面内全方向から電波が到来するような環境では 1/4 波
長程度である．そして，2 つの受信機の出力信号のうち，強度が大きいほうを選
択する．これにより，フェージングによる信号強度低下の影響を低減できると考
えられる．

　図 **5.25** はダイバーシチを用いた場合のフェージングによる信号強度変動の例
を示している．単一アンテナの場合には平均強度に対して 50 dB を超える大きな
信号強度低下が発生しているが，2 つの信号のうち大きいほうを選択することに
より，効果的に強度低下の発生が抑制されている．

　選択の対象とする伝送路を**ブランチ**と呼ぶ．図 5.24 のダイバーシチ方式は，
2 ブランチ選択合成空間ダイバーシチと呼ばれる．ブランチ数を増加させれば効
果は向上する．さらに，図 5.24 では複数ブランチから最大のものを 1 つ選択して
いるが，選択されないブランチにも信号電力があり，これも利用するほうが受信
信号強度は増加する．このように，「選択」ではない信号の「合成」も用いられる．

5.3 節 5. で触れた MMSE アダプティブアレーによる多重波の合成はその例である．また，複数アンテナを用いる**空間ダイバーシチ** (spatial diversity) 以外にも，異なる周波数，時間，偏波，指向性を用いる方式もある．このように，多様なダイバーシチ技術が開発されている．

演習問題

1. 微小ダイポールアンテナからの最大放射方向において，放射電界と誘導電界が等しくなる距離は波長の何倍程度か．また，静電界と誘導電界の場合はどうか．

2. z 軸正方向に進む電波の電界ベクトルが，ある瞬間において x 方向に向いていたのが，時間とともにその大きさを変えずに y 軸の方向へ回転するとき，これを**右旋円偏波**という．また，その逆を**左旋円偏波**という．

   右旋円偏波，左旋円偏波の電波を放射する方法を説明せよ．

3. 図 5.6（86 ページ）のアンテナ素子が等方性で素子数 N が 2 の場合において，素子位置 d_n，振幅調整 A_n，および移相量 δ_n $(n = 1, 2)$ が以下であるとき，それぞれのアレーファクタ $D(\theta)$ を求めよ．

   (a) $d_n = (n-1)\dfrac{\lambda}{2}$, $A_n = \dfrac{1}{2}$, $\delta_n = \dfrac{2\pi}{\lambda} d_n \sin 0°$

   (b) $d_n = (n-1)\dfrac{\lambda}{2}$, $A_n = \dfrac{1}{2}$, $\delta_n = \dfrac{2\pi}{\lambda} d_n \sin 90°$

   (c) $d_n = (n-1)\dfrac{\lambda}{4}$, $A_n = \dfrac{1}{2}$, $\delta_n = \dfrac{2\pi}{\lambda} d_n \sin 90°$

4. 等方性素子からなる 2 素子半波長間隔リニアアレーに，所望波が $30°$，所望波と相関のない干渉波が $-60°$ から入射しているとする．

   両波の入力電力が $P_s = P_u = 1$，熱雑音電力が $P_n = 0.01$ であるとき，$h = 1$ として，DCMP アダプティブアレーの最適ウエイトを求め，指向性図を描け．

5. 現在の移動通信システムでは種々の周波数が用いられている．送受信点間距離を $200\,\mathrm{m}$ とした場合の，以下の周波数における，自由空間伝搬損失を求めよ（有効数字 3 桁で答えよ）．

   (1) 第 1 世代・第 2 世代で主に使われた $800\,\mathrm{MHz}$

   (2) 第 3 世代で主に使われた $2\,\mathrm{GHz}$

   (3) 第 4 世代で新たに使われた $3.4\,\mathrm{GHz}$

   (4) 第 5 世代で新たに使われた $28\,\mathrm{GHz}$

6. 無限に広がるコンクリートの平面に，真空から電波が正面方向から入射した場合（つまり，入射角 $\theta_i = 0$）の反射係数を考える．コンクリートの比透電率 (ε_r) は $5 \sim 10$ 程度であるが，ここでは $\varepsilon_r = 9$ とする．また，比透磁率は 1，導電率は小さく無視できるものとする．

   このような状況における，反射係数の振幅を，真値およびデシベル値で示せ．

7. レイリーフェージング環境における平均受信電力を P_0 とする．レイリーフェージング環境において，受信電力 P が平均受信電力に比べて小さい場合 $(P/P_0 < 1)$ には，受信電力が P 以下となる確率は，近似的に P/P_0 で与えられる．以下の問いに答えよ．

(1) レイリーフェージング環境において，単一アンテナで受信した場合に，受信電力 P が平均受信電力 P_0 に比べて 10 dB 以上低下する確率を求めよ．

(2) 2 ブランチ選択合成空間ダイバーシチを考える．2 つのアンテナで受信されるフェージング変動は完全に独立であるとして，2 ブランチ選択合成空間ダイバーシチを行った場合の受信電力 P' が，単一アンテナ受信の平均受信電力 P_0 に比べて，10 dB 以上低下する確率を求めよ．

マルチユーザ **MIMO** システム（**SDMA**）

　マルチユーザ **MIMO**（**MU–MIMO**）とは，基地局が複数の端末（ユーザ）と MIMO 通信を行うシステムである[17]．一般に，同じ時刻に複数のユーザが同時に通信を行う場合，他のユーザの信号が干渉となり，正確な通信を行うことができなくなる．したがって，従来は 4.4 節 3. で説明した FDMA，TDMA，CDMA と呼ばれる方式によってユーザの同時通信（多元接続）を実現していた（6.2 節参照）．しかし，これらのどの方式も時間や周波数の次元でユーザ分離を実現しており，システムの効率化には限界がある．

　一方，MIMO アンテナを基地局と各ユーザ端末に配置することで，下り回線（基地局からユーザ端末へ）では，干渉を与えてしまう他ユーザへの信号を抑圧し，上り回線（ユーザ端末から基地局へ）では，各ユーザからの信号間の干渉を抑圧することにより，希望する信号のみを取り出す空間的な分離が可能となる．MU–MIMO では，ユーザの位置の違いを利用して信号分離を行う空間分割多元接続（**SDMA**; Space Division Multiple Access）を利用している．まさに，図 **5.26** に示すように，アダプティブアレーを用いた干渉抑圧と原理は等しい．さらに，各ユーザは SDM や E-SDM の MIMO の空間多重を行うことができる．

　このように，MU-MIMO では，同じ時刻・周波数帯を用いて，複数のユーザが高品質で伝送効率の高い通信をすることができる．そして，アレーアンテナ技術と適応信号処理技術がふんだんに活用されている．

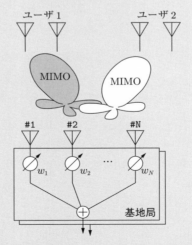

図 **5.26**　MU–MIMO システムの概念図

第6章
移動通信とネットワーク

　本章では，代表的な通信システムとして移動通信システムを取り上げ，その変遷と概要，および，システムを実現するための技術について概説する．

6.1　無線回線設計

　携帯電話やスマートフォンなどの移動端末は，ビルや鉄塔上に設置された基地局と呼ばれる無線局と無線通信することにより通信が実現されている．基地局のアンテナ高は $10 \sim 100\,\mathrm{m}$ 程度であり，1つの基地局は $100\,\mathrm{m} \sim$ 数 km 程度の半径のサービスエリアをもつ．移動通信システムは，サービスを提供する目的のエリアを複数の基地局のサービスエリアでカバーする無線通信システムである．1つの大きなエリアでカバーするより，送受信点間距離が小さくなるので伝搬損失が減少する．また，周波数を面的に繰り返して使用することにより，1基地局において使用可能な周波数リソース (周波数帯域幅) を増加できるなどの利点がある．図 **6.1** に，複数の基地局のサービスエリアにより，目的のエリア全体をカバーする移動通信システムの概念を示している．人間や動植物の細胞 (cell) の配列に似ていることから，1つのサービスエリアをセル，また，このような無線通信システムの形態をセルラ (cellular) 通信システムと呼ぶ．

　セルラ通信システムにおいては，セルの間など，基地局からの電波が到達しない領域 (不感地帯) を発生させないため，一般に基地局のサービスエリアどうしが

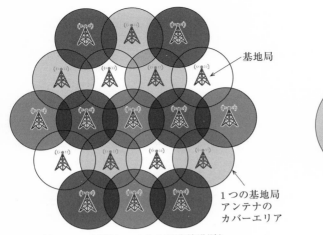

（a）セルラ通信システムと周波数繰返し　　　（b）3 セクタ方式

図 **6.1**　セル・セクタ

オーバラップするように配置・設計される．しかし，それによって，隣接するエリアで同じ周波数を用いて無線通信を行うとオーバラップするエリアにおいて混信が生じる．そのため，セルラ通信システムでは，隣接するセルでは同じ周波数を用いないように，それぞれのセルで利用する周波数が設定されなければならない．一方，周波数帯域は無限ではないので，効率的に使わねばならない．そこで，ある一定の距離を隔てて，同じ周波数を用いる**周波数繰返し** (frequency reuse) と呼ばれる周波数設定が用いられる．例えば図 6.1(a) は 4 セル繰返しの例を示している．4 つのセルを 1 つのまとまりとして，周波数を同じ面内で空間的に繰り返して利用する形態である．実際のシステムでは，このような 4 セル繰返しのほかに，3，7，9，12 などの繰返し数が用いられる．

　さらに，周波数利用効率を大きくするために，基地局アンテナを指向性アンテナとし，1 つのセルを複数の通信エリアに分割するセクタが用いられることが一般的である．通常は図 6.1(b) に示すように，120° の扇形のエリアを採る 3 セクタ方式が用いられるが，都心部などの高ユーザ密度エリアでは 6 セクタ方式も用いられる．

　なお，周波数繰返しは，**第 1 世代移動通信システム** (**1G**; 1st Generation)，お

および第 2 世代移動通信システム (**2G**; 2nd Generation) において用いられていた．これらのシステムでは，基本的に，周波数によってチャネルを弁別する FDMA 方式であったからである[*1]．これに対して，**第 3 世代移動通信システム** (**3G**; 3rd Generation) では，周波数ではなく，信号処理を行う符号によって通信チャネルを分ける CDMA 方式となった．CDMA 方式では，すべての基地局が同一周波数を用いており，周波数繰返しは用いられなかった．一方，**第 4 世代移動通信システム** (**4G**; 4th Generation)，および**第 5 世代移動通信システム** (**5G**; 5th Genaration) では，OFDMA 方式を基本とする方式が用いられている．これらのシステムでは，基本的には周波数および時間によりチャネルを分けているが，個々のユーザの通信チャネルを，周波数・時間・空間軸上で最適に配置することにより，信頼性の高い通信チャネルを高効率，かつ公平にユーザに割り当てるスケジューラ (scheduler) という技術が実現されている[*2]．つまり，1G および 2G の周波数繰返しは時間的にも空間的にも固定されていたが，4G および 5G のスケジューラは，それを時変，かつ，適応的なものとし，状況に応じて最適化するものと考えることができる．

　通信エリアを，不感地帯を発生させず，かつ効率的に構築するためには，個々の基地局のカバーエリアの適切な設計が重要となる．そのためには，各基地局からの通信可能距離 (セル半径) が適切な値となるように，全体システムを構築する必要がある．これは，送信機の送信電力，送受信機のアンテナ利得および指向方向，無線区間の伝搬損失，受信機の受信感度などで決定される．これらのパラメータを適切に設定し，所望のカバーエリアを実現することを**無線回線設計**と呼ぶ．

　無線回線設計は，具体的には，リンクバジェット (link budget) を決定することによって実現される．リンクバジェットは，式 (5.24)(107 ページ) で示されたフリスの伝送公式を基本とし，ケーブル損失なども考慮してより詳細化するとともに，デシベル表示することにより積計算を和の表現として，回線設計の計算を簡易にしたものである．**表 6.1** および**図 6.2** は，リンクバジェットの一例を示している[1]．表 6.1 の各値は移動通信システムの下り回線 (基地局送信・移動局受信) を想定したものである．基地局の送信電力を 33 dBm (2 W)，移動局の所要受信感度を -110 dBm としている．送受信のアンテナ利得やケーブル損失などを加え，さ

[*1] FDMA，CDMA などの多元接続方式については後述する (6.2 節)．また，4.4 節 3. も参照のこと．
[*2] スケジューラについては 6.4 節 1. の 149 ページ参照．

表 6.1 無線回線設計例

a	基地局送信電力	33	dBm[※3]
b	送信ケーブル損失	3	dB
c	送信アンテナ利得	18	dBi[※4]
d	受信アンテナ利得	0	dBi
e	場所的変動マージン	6	dB
f	所要受信感度	−110	dBm
g	許容伝搬損失	152	dB
h	セル半径	4.8	km

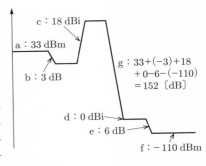

図 6.2 リンクバジェット

らに場所的変動マージンとして 6 dB を見込んでいる. 5.6 節 1. で述べたように, シャドウイングの標準偏差は 6 dB 程度であり, この値をマージン (余裕度) とすることにより, セル端における通信可能場所率を統計的に 50% から 84% に高めることを目的としたものである. 図 6.2 では, これらの値の利得分をプラスに, 損失分をマイナスにとって計算し, 許容伝搬損失 (g) を求めている.

　許容伝搬損失が求まれば, 伝搬損失推定式によりセル半径が計算できる. 例えば, 搬送波周波数を 1.5 GHz, 基地局アンテナ高を 50 m として, 式 (5.31)(113 ページ) の奥村–秦式を伝搬損失推定式として用いれば, セル半径は 4.8 km となる. 実際に適用した結果, この値が不足または過剰ならば, 送信電力やアンテナ利得などを調整することにより, 適切なセル半径を実現する.

　以上は下り回線の無線回線設計例であるが, 上り回線 (移動局送信・基地局受信) の場合も, 同様にリンクバジェット計算を行う. ただし, 上り回線と下り回線では

※3 dBm (読みは「デービーエム」): dB(デシベル) は 2 つの量の相対的な倍数・比率を与える表現であるのに対して, dBm は 1 mW を基準 (0 dBm は 1 mW) として, 電力値を dB で表現する絶対値の表現である. 例えば, 20 dBm は 100 mW である.

※4 dBi (読みは「デービーアイ」): アンテナの利得を表す際に用いられる. 等方性アンテナを用いた場合の信号電力に対する利得を表す. i は "isotropic" の意味. なお, 完全な等方性アンテナは実現できないので, 実際にはダイポールアンテナを基準としたアンテナ利得の表現も用いられる. その場合の単位は dBd (読みは「デービーデー」) が用いられる. d は "dipole" の意味. ダイポールアンテナの利得は 2.14 dBi であるので

　　　アンテナ利得 (dBi) = アンテナ利得 (dBd) + 2.14

である.

いくつか差異があり，そのうち最も大きいものは送信電力である．一般的な移動端末の送信電力は 23 dBm (200 mW) 程度であり，基地局の送信電力に比べて 10 dB も小さい値である．しかしながら，通信は双方向であり，両回線で同じ通信距離を実現する必要がある．この差は，基地局受信機の感度向上や，基地局における，より規模の大きいダイバーシチなどにより補償されることが多い．また，上り回線と下り回線を別周波数として双方向通信を行う周波数分割複信 (FDD; Frequency Division Duplex)[5]の場合には，同じ距離でも，より伝搬損失の小さい，低い方の周波数を上り回線に使用することが一般的である．FDD 方式の上り回線と下り回線の周波数差は搬送波周波数との比率を考えるとわずかであり，それによる伝搬損失の差は大きくない[6]が，リンクバジェットの調整にあたっては，1 つの項目の値の大きな改善 (例えば，送信アンテナ利得を 10 dB 向上させるなど) は現実的には不可能であり，多くの個々の技術による小さい値の改善の積み重ねにより実現されるものである．

6.2 無線アクセス方式の変遷

　無線アクセス方式とは，セル内の複数ユーザが無線通信路を通じてネットワークに接続する技術の総称である．ここでは，無線通信部分の特徴を決定付ける無線アクセス方式の主要な要素として，多元接続，および，複信方式について述べる．
　前節で示したように，1 つの基地局は，ある限定したエリアを面的にカバーする．一方，図 6.3 に示すように，そのエリアには複数の移動端末が存在する．すべての端末が同時に通信する可能性はきわめて低いが，そのうちいくつかが同時に通信することはほぼ常時発生する．基地局には，これら複数の移動端末からの信号を別々に分けて通信を行うことが求められる．このように，1 つの基地局が，複数の端末と同時に通信し，それを個々に弁別することを，**多元接続**と呼ぶ[7]．
　以下では，携帯電話システムの世代を追って多元接続の変遷を紹介することにより，各世代の無線アクセス方式の概要を述べる．図 **6.4** は，各多元接続方式を

---

[5] 詳細は次節で述べる．また，4.4 節 1. も参照．
[6] 例えば，2 GHz システムの場合には，上り回線と下り回線の周波数差は 200 MHz 程度であり，それによる伝搬損失差は 1 dB 弱である．
[7] 多元接続については 4.4 節 3. も参照．

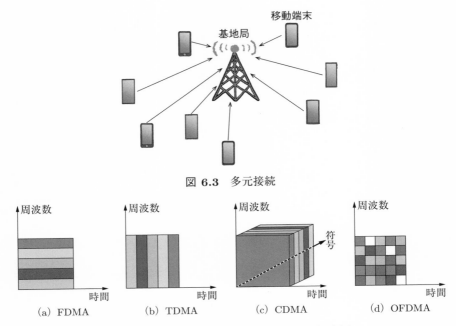

図 **6.3** 多元接続

(a) FDMA (b) TDMA (c) CDMA (d) OFDMA

図 **6.4** 各多元接続のチャネル割当ての概念図

概念的に示している．時間および周波数軸上で，異なる無線チャネルを配置する
様子が示されている．

　1980 年代の 1G では，周波数によって，複数端末のチャネルを弁別する，**周波
数分割多元接続** (**FDMA**; Frequency Division Multiple Access) 方式が用いられ
た．通信チャネルを周波数で分ける考え方はラジオやテレビと同様で，無線通信
としては最も一般的かつ古典的であり，初期の移動通信システムもこれに倣って
いた．FDMA 方式は，後述の TDMA 方式が必要とする時間同期が不要であり，
簡易なシステム構成で実現できる．他方，隣接チャネルとの干渉を防止するため
にチャネル間のガードバンド (使用しない空き周波数) の設定が必要であり，それ
により周波数利用効率が低下するというデメリットがある．また，一般に信号が
狭帯域信号となるので，近年用いられている CDMA 方式や OFDMA 方式で利用
可能な広帯域信号を用いた性能向上技術を用いることができず，さらに，周波数
の割当ては一般的に固定的であり，状況に応じて適応的に設定を変化させるよう

な技術が利用できなかった.

　続く, 1993 年ごろからの 2G では, **時間分割多元接続 (TDMA**; Time Division Multiple Access) 方式が用いられた. TDMA 方式は時間で複数チャネルを弁別する方式であるが, すべてのチャネルが同一周波数を用いて時間のみで分けられるのではなく, 「複数周波数を用いるが, その 1 つの周波数を複数のチャネルが時間分割で利用する」という形態が一般的である. 時間的に間欠の送受信となるので, 例えば音声通信などの場合には会話が途切れたり, または遅延が発生したりするようにも思われるが, 実際には 1 つの通信時間 (これをスロットと呼ぶ) は 20 ms などきわめて短く, 人間の体感的には遅延はほとんど感じられない. 一方, FDMA 方式では, 基地局側に複数の送信機能が必要であったがその数が低減されること, また, 1 つの通信に複数の時間スロットを割り当てることが簡単であり, 柔軟な通信回線を提供しやすいこと, さらには送信の間に他のチャネルを受信することができ, 状況に応じた適応的制御が可能となること, などのメリットがあり, FDMA 方式よりも提供可能な通信容量 (この時代では音声通信回線の数) が増加した. ただし, FDMA 方式のガードバンドに類似するガードタイムが必要であり, 周波数利用効率が低下すること, また, 送信タイミングを正確に制御することが必要であり高い同期性能が求められること, さらには, 周波数選択性フェージングの影響を受けやすいこと, などのデメリットがある.

　2001 年ごろからの 3G では, **符号分割多元接続 (CDMA**; Code Division Multiple Access) 方式 (4.4 節 3. の 64 ページ) の利用が提案され, 実際に用いられた. CDMA 方式は, もとの情報信号を, より広い周波数帯域の信号へと拡散して, それを伝送するスペクトル拡散通信を基礎としている. スペクトル拡散通信は, 送信信号を広い帯域に薄く拡散させるというその性格から, もともと軍用通信に用いられていたものであったが, その特徴をセルラ移動通信に効果的に適用することにより, 従来の FDMA 方式や TDMA 方式に比べて飛躍的に高い通信容量を実現できるものであった. FDMA 方式や TDMA 方式が, 周波数や時間という物理量を用いて複数チャネルを弁別する方式であったのに対して, CDMA 方式は, 個々のチャネルに異なる符号系列を乗じて送信し, 受信側でその符号を使って信号処理することにより, それぞれのチャネルを選択するのが特徴である. このような信号処理によるチャネル弁別はディジタル処理との親和性が高く, 当時のディジタルハードウェアの装置化技術の進展と相まって 3G の無線方式として採用され

た．FDMA 方式や TDMA 方式では必要であったガードバンドやガードタイムが不要，周波数の繰返し使用が不要，音声通信の場合には発話時のみの送信 (ボイスアクティベーション) を行うことが可能，スペクトル拡散による広帯域性を活かしたパスダイバーシチ (レイク受信) が可能などの特長を活かして，高い通信容量を提供できるとされた．一方，高い通信容量を実現するためには，基地局近傍の移動端末と遠方の移動端末の信号強度を，基地局受信時点で同一とする技術的課題 (遠近問題) の解決が必要とされ，高速なフェージングが生じる移動通信環境では，その解決は当初困難と予想されたが，種々の技術開発によりクリアされ 3G システムとして使用された．この CDMA 方式は，周波数や時間といった物理的な制約によって通信容量が決定されるのではなく，干渉量によって決定されるため，干渉を低減することができるような新しい技術 (例えば干渉キャンセラ) を研究開発することにより，さらに通信容量を増大させることが可能である．

2015 年ごろからの 4G では，**直交周波数分割多元接続 (OFDMA**; Orthogonal Frequency Division Multiple Access)[8]方式が採用された．第 3 世代の CDMA 方式は，セルラ通信環境において高い周波数利用効率を実現したが，音声通信を主な対象としたものであった．一方，この頃には，移動通信のサービスの主体は音声通信からデータ通信に移っていた．データ通信では，より大きな通信量が必要になり，それを支えるためにより高速な通信が必要となる．このような通信に対する要求の変化にともない，4G では，OFDMA 方式が用いられた．OFDMA 方式は信号多重方式である OFDM を多元接続へ拡張したものである．すなわち，OFDM は 1 ユーザ内の複数信号を並列伝送するための技術であるが，OFDMA はその複数信号を異なるユーザの信号に置き換える拡張を行ったものである．基本的には周波数や時間で個々の通信を弁別する FDMA 方式や TDMA 方式の組合せであるが，OFDM 技術を用いて周波数を稠密に利用可能とすることにより，周波数利用効率を向上させている．さらに，フェージングや干渉状況を考慮して，それぞれのユーザに対して最良の周波数や時間スロットを割り当てるスケジューラとも組み合わされたことで，高い通信容量を実現した．2020 年ごろからの 5G も，基本的には OFDMA をベースとした多元接続方式を採用しているが，さまざまな改良がなされ，超高速・超大容量・超低遅延などの特長をもつ通信が実現されている．

....

[8] OFDM については 4.2 節 5. の 55 ページ参照．

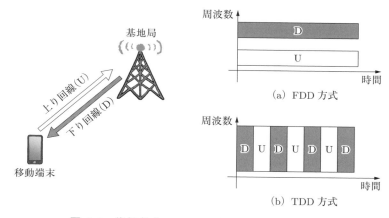

図 6.5 複信方式 ((a) FDD 方式と (b) TDD 方式)

また，多元接続方式に関連する技術として，**複信方式**がある[※9]．多元接続方式は，異なる複数の端末のチャネルを弁別する技術であるのに対し，複信方式は，基地局とある 1 つの移動端末との，下り回線と上り回線の通信チャネルを弁別する技術である．ただし，一般には上下回線を同一時間に同一周波数を用いて通信を行うことはできず，何らかの方法で分ける必要がある (コラム，132 ページ参照)．これまで実用化された複信方式としては，異なる周波数を用いる**周波数分割複信** (**FDD**; Frequency Division Duplex) 方式と，異なる時間を用いる**時間分割複信** (**TDD**; Time Division Duplex) 方式がある．それぞれの概念を図 **6.5** に示す．

FDD 方式は，上下回線の間での時間同期が不要であり，簡易に実現できる．一方，一般に無線機の入出力において，送受信信号はフィルタ[※10]で弁別されるが，十分なフィルタ効果を得るためには，送信周波数と受信周波数の間に大きな周波数間隔 (搬送波周波数の 10 ％程度以上) が必要となるうえ，このようなフィルタはその物理的寸法が大きくなるという問題がある．

対して TDD 方式は，時間同期が必要であるとともに，下り回線スロットと上り回線スロットの間にガードタイムが必要であること，このガードタイムの大きさにより，サービスエリアサイズが制限されることなどのデメリットがあるが，上

[※9] 複信方式については，4.4 節 1. の 62 ページも参照．
[※10] 具体的には，7.7 節 3. で述べるダイプレクサなど．

下回線スロットの時間幅を異なるものとすることにより，両回線の通信速度が異なる非対称サービスを容易に実現可能，上下回線の伝送路の相関が高いので基地局側送信ダイバーシチが実現可能，端末間通信の実現が容易など，高機能な通信の提供が可能である．

　このような背景のもと，4G までの従来の移動通信システムでは主に FDD 方式が用いられてきたが，2G の一種である PHS (Personal Handy–phone System) や，4G の 1 つである TD–LTE (Time Division duplex–Long Term Evolution) などでは，TDD 方式が用いられている．そして，5G でも FDD 方式と TDD 方式，どちらも仕様化されているが，新たに追加された周波数帯では，TDD 方式が使われることが多い．

全二重通信 (full duplex)

　第 1 章で述べたように，(狭義の) 通信とは，「2 台の通信機の間の 1 対 1・双方向の情報のやり取り」である．したがって，例えば有線通信を考えると，2 台の通信機を，送受それぞれで異なる 2 本の線で接続する必要がある．それにより，常時双方向情報伝送が可能となる．これを全二重通信 (full duplex) と呼ぶ (図 6.6(a))．一方，通信システムによっては，独立な 2 つの伝送路が得られない場合もある．そのような場合には時間切換えを行う (図 6.6(b))．このような通信を半二重通信 (half duplex) と呼ぶ．複信方式で述べた FDD 方式は全二重通信であり，TDD 方式は半二重通信である．しかし，TDD 方式の時間スロットは十分に小さく，その影響による伝送遅延は人間が認識できる大きさではないので，体感的には全二重通信といえる．

　しかし，FDD 方式でも TDD 方式でも，片方向の通信は基本的に全リソース (周波数資源) の半分しか使えていない．つまり，FDD 方式では全周波数の半分の周波数，TDD 方式では全時間の半分しか使用できていない．これに対して，無線通信において，同一周波数を，同一時間に，双方向両方の通信に利用可能とする技術である帯域内全二重通信 (**IBFD**; In–Band Full Duplex. 単に full duplex とも呼ばれる) が，研究開発されている．

　図 6.6(c) に IBFD を用いた無線装置の構成を示す．無線通信においては，送受で同じ周波数を同時に用いると，自らの送信信号が受信信号に対する干渉となってしまう．これを自己干渉と呼ぶ．遠方から到来する受信信号に対して送信信号は非常

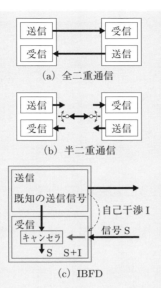

(a) 全二重通信

(b) 半二重通信

(c) IBFD

図 6.6　全二重通信と半二重通信

に大きな干渉となる．IBFD を実現するには，このようにきわめて大きな干渉に埋もれた小さな受信信号を検出して通信を行わなければならない．これを実現するためには多くの技術が用いられるが，最も重要となるのは信号処理による干渉キャンセル技術である．自己干渉信号 I は通信機内で既知信号である．受信機では受信信号 S と干渉信号の和 S＋I が受信されるが，ここから既知の I を減じることで S のみの信号を得る技術である．ただし，ここでは簡単に述べているが，I は S に比べて最大 100 dB (電力で 10^{10} 倍) にも達する大きさであり，原理的にはシンプルであっても実現は容易ではない．

　IBFD 自体の考え方は簡単なものであるが，従来の無線通信の概念では「できればいいけど無理だろう」と考えられてきた．しかしながら，多くの技術を改善し，その効果を積み上げることにより，実現が近くなっている．遠くない将来に実用化されると期待される．

6.3 ネットワーク

本節では，転送制御プロトコル (**TCP**; Transmission Control Protocol) とインターネットプロトコル (**IP**; Internet Protocol) を基本とした TCP/IP ネットワークについて述べる．**TCP/IP** は，インターネットプロトコル群の中心となるプロトコル群であり，2 つのコンピュータ (ホストと呼ぶ) 間でインターネットを介して通信を実現するものである．また，プロトコルとは，2 つのホスト間でデータを転送する方法を制御する規則を定めたものである．

1. TCP/IP ネットワークアーキテクチャ

2 つのホストがネットワークを介して通信することを考える．図 **6.7** において，左側のホストは有線，および，右側のホストは無線によって，ネットワークに接続されている．IP ネットワークでは，有線であっても，無線同様に 0 と 1 のバイナリの情報をもつビット列をある単位で転送している．このビット列の単位を本章では，パケットと呼ぶ．いま 1 つのホストは，もう一方のホストが管理しているホームページを閲覧しており，これにともなってホームページのデータが転送されている．この例では，1 つのパケットの中に，4 つのプロトコルが用いられている．これらは，イーサネット，IP, TCP, および，ハイパーテキスト転送プロトコル (**HTTP**; Hyper Text Transfer Protocol) である．イーサネットパケットは，イーサネットヘッダと後続のデータ（これをペイロードと呼ぶ）から構成される．また，イーサネットペイロードは，IP パケットに相当する．IP パケットは，IP ヘッダと IP ペイロードから構成される．さらに，IP ペイロードは，TCP パケットに相当する．TCP パケットは，TCP ヘッダと TCP ペイロードから構成される．TCP ペイロードは，HTTP パケットに相当する．HTTP パケットは，HTTP ヘッダと HTTP ペイロードから構成される．そして，HTTP ペイロードは，図 6.7 に示されたデータに相当する．

このように，IP ネットワークでは，転送されるデータが経由するネットワーク装置において，対応するプロトコルで処理され，宛先のホストにデータが転送される．

図 **6.8** は，**OSI** (Open System Interconnection) 参照モデルと **IP** プロトコルスタックを示している．国際標準化機構 (ISO, International Organization for

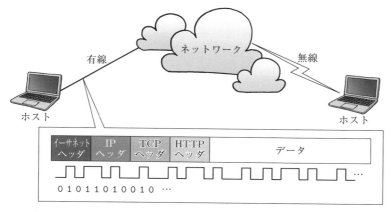

図 **6.7** ネットワークを介して転送されるデータの階層化されたパケット構造の例

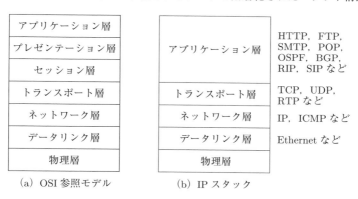

(a) OSI 参照モデル　　　(b) IP スタック

図 **6.8** プロトコル階層モデル

Standardization) は，OSI 参照モデルのガイドラインを示している．これは，階層化された通信とコンピュータネットワークプロトコルの設計を，抽象化したモデルとして記述したものである．図 **6.8**（a）に示すように OSI 参照モデルは下から**物理層，データリンク層，ネットワーク層，トランスポート層，セッション層，プレゼンテーション層，アプリケーション層**の 7 つの層により構成される．ここで，アプリケーション層が，ユーザに最も近い OSI の層であり，OSI のアプリケーション層とユーザの両方がソフトウェアアプリケーションとのインタフェースを有する．つまり，この層は，ネットワークコンポーネント（ネットワークに接続

するためのソフトウェア群）を実装するソフトウェアアプリケーションと対話するためのものである.

　続く，物理層では，データはビットとして認識され処理される. データリンク層では，データはデータリンク層のパケットとして扱われる. ネットワーク層では，データはネットワーク層のパケットとして認識される. また，トランスポート層では，データはトランスポート層のパケットとして処理される. 残りの上位層では，ユーザの情報が認識される.

　これに対応する IP スタックを図 6.8（b）に示す. 各プロトコルが OSI 参照モデルのどの層に対応するかを確認してほしい. 同図に示すように，このうち，いくつかのプロトコルを含むインターネットプロトコル群が TCP/IP と呼ばれる. この例では，イーサネットがデータリンク層，IP がネットワーク層，TCP がトランスポート層，HTTP がアプリケーション層に対応している.

　また，TCP/IP は，インターネット技術タスクフォース (**IETF**; Internet Engineering Task Force) によって規定されており，ネットワーク機器や IP ネットワークを構築するための事実上の標準プロトコルとして広く使用されている. いいかえれば，TCP/IP を使用すると，ハードウェアやオペレーティングシステムの違いを考慮せずに，コンピュータどうしが相互に通信することができる.

　図 **6.9** は，TCP/IP の基本的な考え方を示している. TCP/IP の設計思想では，IP ネットワークの機能は全般的にいって単純かつ高速に動作するが，コアを囲むエッジの機能は複雑である. これにより，エッジでさまざまな複雑な機能を有することが可能となる[11]. この TCP/IP の設計思想にもとづく IP ネットワークは，

図 **6.9**　TCP/IP の設計思想

[11] エッジとは，ホスト，エッジルータ，ネットワークの境界を含む用語である.

拡張性があり柔軟である．また，IP ネットワークでは，パケットが途中で損失されたとしても，ネットワーク層の IP では，ネットワーク機器の間でデータの再送を行わない．かわって，データの信頼性が必要な場合は，IP の上位層にある TCP を介してホスト間でデータの再送が行われる．

さらに，IP は，ネットワーク層の最も汎用的なプロトコルであるため，アプリケーションデータを搭載するデータは IP 層を用いて転送される．図 **6.10** に示すように，IP は，TCP[5]，ユーザデータグラムプロトコル (**UDP**; User Datagram Protocol)[6]，リアルタイムプロトコル (**RTP**; Real-Time Transport Protocol)/UDP[7]，ストリーム制御伝送プロトコル (**SCTP**; Stream Control Transmission Protocol)[8] などのトランスポート層のプロトコルをサポートしている．また，図 **6.11** に示すように，IP は，イーサネット，ポイント対ポイントプロトコル (**PPP**; Point-to-Point Protocol)，衛星通信，無線，光通信，およびマルチプロトコルラベルスイッチング (**MPLS**; Multi-Protocol Label Switching) 等のデータリンク層プロトコル上で動作する．

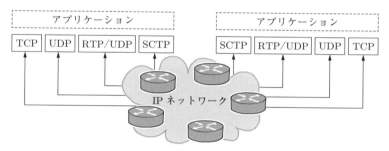

図 **6.10**　トランスポート層のプロトコルは IP によってサポートされる．

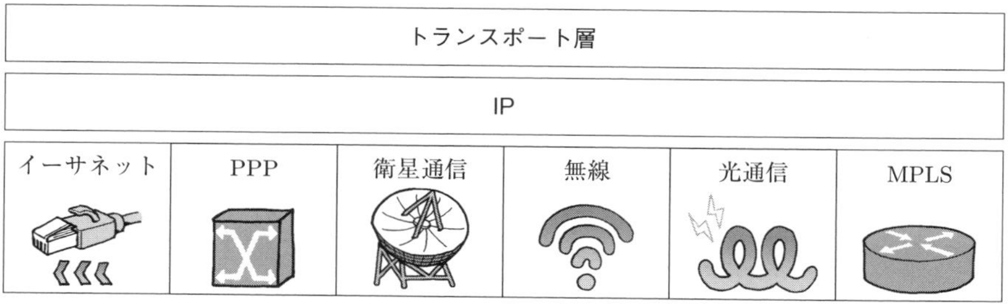

トランスポート層					
IP					
イーサネット	PPP	衛星通信	無線	光通信	MPLS

図 **6.11**　IP をサポートするデータリンク層のプロトコル

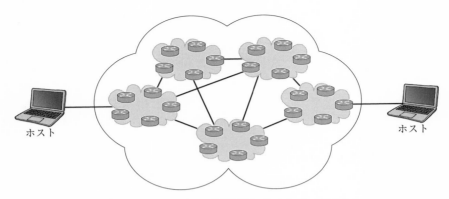

図 **6.12** IP によって接続されるインターネット

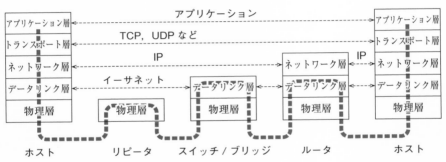

図 **6.13** インターネットプロトコルスタックと接続性

　これによって，図 **6.12** に示すように，IP を介して複数のネットワークを接続することができ，小規模なネットワークを連結して１つの大規模なネットワークを構築することが可能となる．なお，各ネットワーク内では，ノードは IP を介して同じネットワーク内の他のノードに接続される必要はなく，データリンク層を介して接続されてもよい．すなわち，インターネットとは，IP を介したネットワークのネットワークである．

　図 **6.13** は，IP スタック，ネットワーク機器，および，それが処理するプロトコル層を示している．リピータは，物理層のネットワーク機器であり，信号に減衰が起こったときに信号を増幅させ，信号強度を向上させる機能を有する．スイッチ（またはブリッジ）は，データリンク層に対応するイーサネットパケットを処

理する．通信を行う2つのスイッチは，イーサネットプロトコルを介して接続される．ルータはネットワーク層に対応するIPパケットを処理する．通信を行う2つのルータがIP経由で接続されることで2つのホストはトランスポート層とアプリケーション層のプロトコルを介して接続される．例えば，TCPおよびUDPは，トランスポート層上の2つのホストを接続するために使用される．

　なお，TCPは，高い信頼性を要求するアプリケーションに使用される．UDPは，TCPと比較すると信頼性は劣るが，高速な転送を要求するアプリケーションに使用される．そのため，TCPよりUDPのほうがプロトコルの処理負荷が低い．

2.　インターネットプロトコル

　インターネットプロトコル（IP）は，ネットワーク層のプロトコルである．これは，各ホストがもつインターネット上で唯一の番号（アドレス）を送信元ホストから宛先ホストにデータを送信するために使用される．図 **6.14** にIPヘッダのフォーマットを示す[2-4)]．バージョンでIPバージョンを指定する．ヘッダ長でヘッダのサイズを示す．サービスタイプは，当該IPパケットに対するサービスパラメータを選択するために使用される．また，全パケット長は，ヘッダとデータを含むIPパケットのサイズを示す．識別子は，複数のIPパケットに分けてデータを送信する際に，分割したデータなのか，別のデータのパケットなのかを識別するために使用される．フラグは，フラグメントを制御または識別するために使用される．さらに，生存時間（**TTL**; Time To Live）はカウントダウンフィール

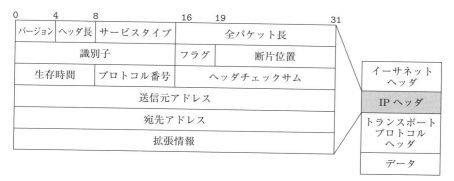

図 **6.14** IPパケットのヘッダフォーマット

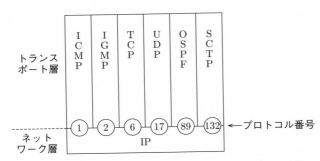

図 6.15 IP ヘッダに搭載されるプロトコル番号の例

ドであり，パケットがルータを通過するごとにこのカウンタ値が 1 だけ減算される．そして，生存時間のカウンタ値が 0 に達すると，生存時間が期限切れになり，IP パケットが廃棄される．生存時間は，ネットワーク上でパケットが無限にループ状に転送されることを防止するしくみである．続いて，プロトコルで，データの操作に使用されるプロトコル番号を指定する．それぞれのアプリケーションに依存するいくつかのプロトコルがあり，よく知られているプロトコル番号の例を図 6.15 に示す．ヘッダチェックサムはエラーチェックに使用される．送信元アドレスと宛先アドレスで，それぞれ送信元と宛先の IP アドレスを指定する．

　また，ネットワーク内の送信元ホストから宛先ホストにデータが送信される際には，データは小さな断片に分割される．この分割された部分が，IP ネットワークにおける **IP** パケットである．IP パケットは，ヘッダとペイロードで構成される．ヘッダには，宛先アドレス，パケットの長さなどの宛先の情報が含まれる．ペイロードには，メッセージ本文の一部が含まれている．こうして，IP パケットは，適切かつ使用可能な経路に沿って IP ネットワークを介して宛先に送信される．各宛先には，**IP** アドレスと呼ばれる唯一の識別番号が割り当てられる．図 **6.16** は，IP パケットヘッダの情報を使用したルーティングの例を示す．IP パケットは，IP アドレスを参照して宛先 A および B に送信されている．

　図 **6.17** は，データが他の層に転送されるときにデータがどのようにラップ (wrap, 別の形で提供)・アンラップ (unwrap, もとの形に戻す) されるかを示している．ホスト A が生データをホスト B に送信したいとする．この生データは最上層にある．まず，生データは，TCP パケットにラップされる．生データは TCP

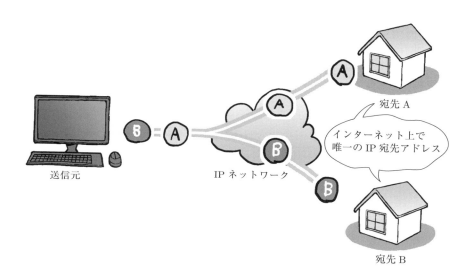

図 **6.16** IP パケットヘッダ情報にもとづく経路選択

ペイロードになり，TCP パケットの情報を搭載する TCP ヘッダが追加される．
次に，TCP パケットがトランスポート層からネットワーク層に転送される．この
層では，TCP パケットはネットワーク層の IP パケットにラップされる．そして，
TCP パケットが IP ペイロードになり，IP パケットの情報を搭載する IP ヘッダ
が追加される．IP パケットがデータリンク層に転送されるとき，IP パケットは
イーサネットパケットにラップされる．さらに，IP パケットはイーサネットペイ
ロードになり，イーサネットパケットの情報を搭載するイーサネットヘッダが追
加される．もう一方のホストでは，イーサネットパケットがネットワーク層に転
送されると，イーサネットヘッダがアンラップされ…，という手順がデータがホ
スト B に到達するまで繰り返される．

3. トランスポート層のプロトコル

本項では，トランスポート層のプロトコルについて述べる．トランスポート層
によって，ネットワーク層のサービスを使用するホスト間の透過的なデータ転送
が提供される．この層における代表的なプロトコルとして，TCP と UDP があり，

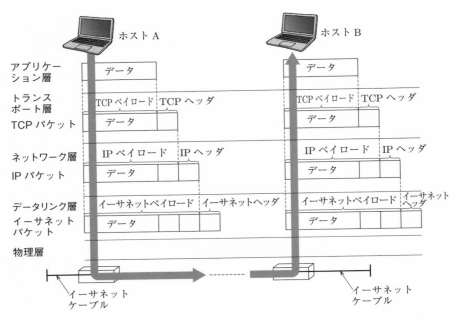

図 **6.17** IP スタックの層の変更にともなうデータのラップとアンラップ

これらについて説明する.

　TCP は，トランスポート層におけるコネクション指向型 (connection-oriented) といわれるエンドツーエンド (端から端まで) の信頼性のあるプロトコルである[5]. TCP には，データを確実に転送するという特長がある. 損失したパケットは，TCP 再送信メカニズムによって再送信される. ファイル転送プロトコル（**FTP**; File Transfer Protocol），HTTP，ポストオフィスプロトコル（**POP**; Post Office Protocol），簡易メール転送プロトコル（**SMTP**; Simple Mail Transfer Protocol）など，TCP に依存する多くのプロトコルがある. ただし，TCP を使用するには，データを送信する前にホスト間にコネクションを確立する必要がある. したがって，TCP は，電話やインターネットを介したテレビ会議など，伝送速度が信頼性よりも重要な場合には適さない.

　対して，**UDP** は，IP を使用するネットワーク内のホスト間のアプリケーションどうしが，最小限のしくみでデータを送受信できるように設計されたプロトコルで

ある[6]．UDP では TCP のように，データを送信する前に，ホスト間にコネクショ
ンを確立する必要がない．このため，UDP はコネクションレス型（connection-less）
のプロトコルである．**簡易ネットワーク管理プロトコル**（**SNMP**; Simple Network
Management Protocol），**ルーチング情報プロトコル**（**RIP**; Routing Information
Protocol），**トリビアルファイル転送プロトコル**（**TFTP**; Trivial File Transfer
Protocol）などのコネクションレス型のアプリケーションで使用される．

　図 **6.18** に，TCP と UDP の特徴を示す．図 6.18(a) において，TCP では，送
信ホストは一度に 4 つのパケット（データ）を受信ホストに送信している．そし
て，受信ホストは，各パケットを受信したら確認通知を送る．この例では，送信
ホストが 3 番目のパケットの受信通知を受け取らず，4 番目のパケットの受信通
知を受け取っている．このため，送信ホストは 3 番目のパケットがネットワーク
で損失されたと認識し，3 番目以降のパケットを送信している．いま，送信ホスト
は一度に 4 つのパケットを送信できるとしているので，3, 4, 5, 6 番目のパケット
を送信している．これにより，TCP を使うと信頼性の高いデータ転送が実現でき
る．対して，図 6.18(b) において，UDP の送信ホストは，受信ホストからの確認
通知を必要とせず，つまり，受信ホストの受信状況を確認することなく，パケッ
トを送信している．このため，UDP を使うと TCP よりも高速なデータ伝送が可

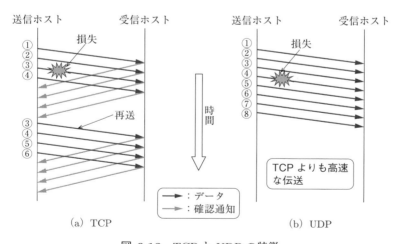

図 **6.18**　TCP と UDP の特徴

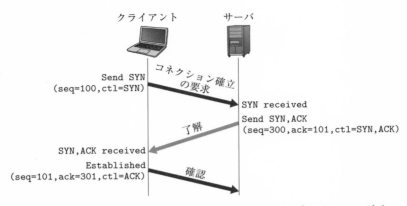

図 **6.19**　スリーウェイハンドシェイクによる TCP コネクションの確立

能となる．ただし，途中でパケットが損失されても，トランスポート層でのデータの再送信はないので，信頼性は高くない．

　また，TCP は，スリーウェイハンドシェイク (three-way handshake) によって，データを送信する前にホスト間にコネクションを確立する．図 **6.19** は，スリーウェイハンドシェイクの例を示している．最初に，クライアントは SYN フラグと呼ばれるものを設定し，シーケンス番号 seq=100 をサーバに送信することにより，サーバにコネクション確立を要求している．サーバはコネクション確立の要求メッセージを受信すると，返答メッセージに了解したことを通知する SYN フラグおよび ACK フラグと呼ばれるものを設定して，クライアントにシーケンス番号 seq=300 と，確認応答番号 ack=101 を送信している．そして，クライアントはメッセージを受け取り，確認したことを通知する ACK フラグを設定して，シーケンス番号 seq = 101 と確認応答番号 ack = 301 を送信することでサーバに送信している．これにより，コネクションが確立し，通信を開始することができる．

　さらに，TCP には，フロー制御および**輻輳制御**のメカニズムがある．フロー制御とは，受信ホストの状態を考慮して，送信ホストがデータを正しく受信できるように，受信ホストに送信されるデータを送信ホストが制御するしくみである．また，輻輳制御は，送信ホストがデータ転送速度を制御して，ネットワークの状態を考慮してネットワークの輻輳（混雑）を回避するしくみである．

　このフロー制御は，スライディングウィンドウ（sliding window）を使用して行

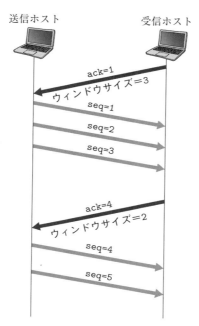

図 **6.20** スライディングウィンドウによる TCP のフロー制御メカニズム

われる．コネクションが確立された後，受信ホストは受信したデータをバッファ
と呼ばれるデータの一時保存場所に保持するが，受信ホストは自らのバッファス
ペースの使用可能なサイズ，送信ホストが一度に送るデータの量（ウィンドウサ
イズと呼ぶ）を含む確認応答を送信ホストに送信する．これにより，2 つのホス
トは毎回送信されるデータ量を交渉する．図 **6.20** は，スライディングウィンド
ウを使用したフロー制御の例を示している．受信ホストは ACK フラグを送信し，
ウィンドウサイズ＝3 を送信ホストに送信している．これは，受信ホストが送信
ホストから 3 つの SEQ フラグを受信できることを意味する．これを受けて，送
信ホストは，seq=1, 2，および，3 を受信ホストに送信している．次に，受信ホス
トはウィンドウサイズ ＝2 を報告している．送信ホストは受信ホストに seq=4,
および，5 を受信ホストに送信している．

また，輻輳制御メカニズムについて説明する．TCP は，ウィンドウサイズを制
御して，ネットワークの状態を考慮してネットワークの輻輳を回避する．つまり，

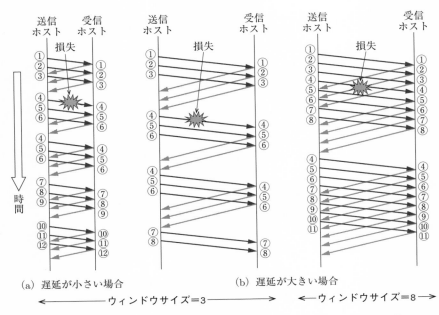

（a）遅延が小さい場合　　　　　（b）遅延が大きい場合

◀━━━━ウィンドウサイズ＝3━━━━▶　◀━ウィンドウサイズ＝8━▶

図 **6.21**　ウィンドウサイズと遅延が TCP のスループットに与える影響

ネットワークが混雑していない場合には，ホストは転送速度を上げるし，それ以外
の場合は，転送速度を下げる．図 **6.21** は，異なるウィンドウサイズでの短い往復
遅延と長い往復遅延のスループット性能（単位あたりの処理能力）を比較してい
る．同じウィンドウサイズ＝3 の，短い遅延と長い遅延の場合を考える．ウィン
ドウサイズが 3 の場合，最大 3 つの未処理のパケット（確認応答が送信元ホスト
に返される）が許可される．遅延が長い場合，送信ホストは確認応答の受信を待
機する時間が長くなるため，パケットの送信に時間を要する．その結果，スルー
プットは短い遅延の場合よりも小さくなる．

　ウィンドウサイズが 3 と 8 で異なる同じ遅延の場合を考える．ウィンドウサイ
ズを大きくすると，確認応答の受信の手間を減らして，より多くのパケットを送
信できる．したがって，ネットワークが混雑していない場合，ウィンドウサイズ
に応じてスループットが向上する．ただし，ネットワークが輻輳している場合，
1 つのパケットが失われると，失われたパケットばかりでなく，失われたパケッ

図 **6.22** TCP の輻輳制御の動作

トの背後にあるすべてのパケットを再送信する必要がある．さらに，ウィンドウサイズが不適切であると，再帰的にネットワークの輻輳が発生する可能性が生じる．一方，ウィンドウサイズが小さいとスループットが制限される．したがって，ネットワークの状態を考慮して，適切なウィンドウサイズの制御が必要となる．

図 **6.22** は，TCP の輻輳制御の動作を示している[9]．ネットワークの輻輳がなくパケットの損失がない場合は，ウィンドウサイズを少しずつ増加させていく．しかし，いったんパケットの損失が生じると，これからネットワークの輻輳を検知し，ウィンドウサイズを急激に減少させる．この輻輳制御メカニズムでは，ホストは，ネットワークによる明示的なネットワーク輻輳の情報を必要することなく，ホストが自律分散的にネットワーク輻輳を回避できるという利点がある．

6.4　移動通信システムの進化

2000 年代半ばより，移動通信システムにおいても IP を伝送する重要性が急速に高まり，本格的なモバイルインターネット時代を迎えることとなった．もともと移動通信では音声通話としての機能や品質が重視され，付加的に非音声系であるデータ通信が取り扱われてきたが，ここへきて高速・大容量のデータ通信の必要性が顕在化し，ついには音声通話自体もデータ回線上に収容されることとなった．2010 年代に入り，スマートフォンが日常生活に手離せないツールとして台頭すると，さらにこの動きは加速化した．

移動通信システムの設計にあたって重要なのは，有限な資源である周波数の利用効率を高めつつ，移動通信特有のマルチパス環境における干渉をできる限り軽減することにある．こうした観点から日進月歩の技術革新が創出され，超高速・超低遅延・超多接続といった技術的特長を有する 5G の商用化にいたっている．以

下では，今後の移動通信システムの進化において主要となる技術的事項について述べる．

1. 高速化と通信容量の拡大

　多値変調方式や誤り訂正技術の発展，MIMO システムによる信号多重化技術の登場によって帯域幅あたりの情報量を高め，伝送速度の高速化が行われてきたことを本書では解説してきた．しかし，帯域幅あたりの通信容量はシャノンの定理で示される理論限界があるため，さらなる高速化として，周波数帯域そのものを拡張する手法が考案されている．

　図 **6.23** は，複数の周波数帯域における搬送波群を束ねて同時に通信を行うことで高速化を実現するキャリアアグリゲーション (carrier aggregation) を示したものである．キャリアアグリゲーションによって複数の搬送波の変復調処理を同時に行うことから無線回路の複雑性は増すものの，束ねた搬送波数分だけ加算的な速度向上が見込まれる．一方で，周波数ごとの伝搬路特性に応じて伝送品質が異なってくるため，送受信間にてデータの到着順序を担保するための適切なフロー制御 (flow control) が必要となる．

　さらに広帯域を確保するために，3.7 GHz 帯，4.5 GHz 帯，そして 28 GHz 帯といった高周波帯が 5G 向けに世界共通周波数として割り当てられている．ミリ波 (milli-meter wave) といった場合，厳密には 30 GHz 以上の電波を指すが，この 28 GHz 帯についても便宜的にミリ波と呼称されている．28 GHz 帯が 5G 向け主

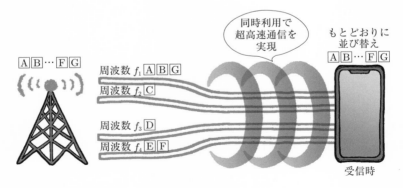

図 **6.23**　キャリアアグリゲーションのしくみ

要周波数として脚光を浴びたことで，いよいよミリ波の活用が本格的実用化段階に入った．また，4G では搬送波あたりの帯域幅は最大 20 MHz と規定されていたものが，5G においては 100 ～ 400 MHz 幅までに拡張され，超高速・超広帯域化実現の主たる技術要素となっている．

　一方，このような高い周波数帯の電波は，直進性が高く回折しにくいため，1 つの基地局でカバーできるエリアは狭くなってしまい，通信事業者においてはより多くの基地局設置，および，多額の設備投資が必要となる．したがって，移動通信システムの全体設計として，屋内浸透などの伝搬特性に優れた 800 MHz ～ 2 GHz 帯を用いて確実な通信を可能としたうえで，より高速・大容量データ通信の需要が生じるエリアを高い周波数を用いてカバーするという，複合的な通信形態をまずは目指す形となる．将来においては，100 GHz を超える，さらに高い周波数の活用も視野に入れた研究開発が行われている．

　また，ユーザあたりの伝送速度向上と同時に，システム全体としての容量向上も実現する必要がある．セル内および隣接セルにおいて同じ周波数を利用することから，あるユーザと基地局との通信は他のユーザにとっては干渉となりうるからである．このため，6.1 節の 125 ページで述べたとおり，各基地局では，スケジューラ (scheduler) と呼ばれる無線リソース管理機能を有している．

　具体的には，セル内に存在する移動端末において，無線品質の瞬時的な変動を測定してチャネル伝搬情報（**CSI**; Channel State Information）として基地局に伝え，基地局側ではこの CSI にもとづいて変調方式や割当スロット数，タイミングを決定している．電波状況のよいユーザにはより多くのデータを伝送しつつ，すべてのユーザに対して一定の割当公平性を保つ考え方にもとづいており，システム容量の全体最適化の鍵となる機能である（図 **6.24**）．

　さらに，周波数帯が高いほどアンテナが小型化できる利点を活かし，基地局側に**超多素子アンテナ (Massive MIMO)** を配置する手法も考案されている．これは，5.4 節に述べた MIMO アンテナの素子数を数百に拡張することで，各ユーザに対して異なるビームフォーミングを形成し，ユーザ多重・空間多重の実現によって，システム容量の拡大に貢献するものである．

2. 多接続・省電力化への対応

　スマートフォンに限らず，あらゆるモノにまで通信機能が搭載される IoT (Internet

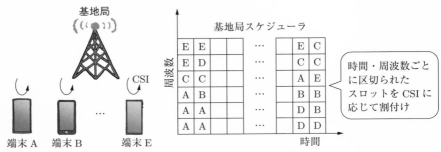

図 **6.24**　基地局スケジューラの挙動

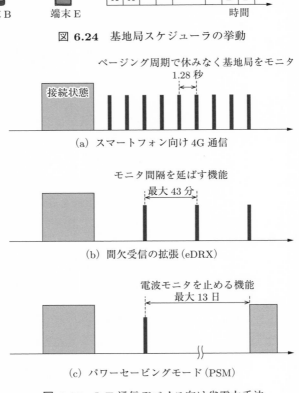

図 **6.25**　IoT 通信デバイス向け省電力手法

of Things) の広がりを想定し，5G では，$1\,\mathrm{km^2}$ あたり 100 万台以上の接続を考
慮して設計がなされている．さらに，IoT に使用される通信デバイスでは高速な
データ通信よりも，ハードウェアに対するコスト低減やバッテリ長寿命化が求め

られることが多いため，基地局への問合せ周期を調節したり，無線処理回路の簡
素化が図られている．具体的な例として，IoT 通信デバイス向けの省電力手法で
ある間欠受信の拡張 (**eDRX**; extended Discontinuous Reception)，およびパワー
セービングモード (**PSM**; Power Saving Mode) について，図 **6.25** に示す．

通常スマートフォンでは，自分宛の電話の着信を検知するために，1.28 秒間隔で
基地局情報を受信しているが，電話機能をもたない IoT デバイスでは，頻繁に確認
する必要がないため，問合せ間隔を拡げて電力消費を抑えるしくみを有している．

3. 低遅延化と信頼性の確保

交通制御や遠隔手術，工場自動化などの用途として，超高信頼性・低遅延 (**URLLC**;
Ultra-Reliable, Low-Latency Communication) の特性をもつ通信需要が今後増え
ると見込まれている．また，スマートフォンにおいても，クラウドゲーミングな
どの普及には，通信回線の低遅延化が鍵を握っている．

通信回線の低遅延化には，無線信号
のスロット長を短縮して信号処理遅延
を最小化することに加え，パケット伝
送の成功確率を高めることが重要と
なる．移動通信環境にてパケット欠
落が発生すると，当該パケットの再送
が必要となり，伝送に時間を要してし
まうからである．特に，セル端では信
号強度が弱まり，他セルからも干渉を
受けることから，図 **6.26** に示す多地
点協調送受信 (**CoMP**; Coordinated
Multi-Point) と呼ばれるしくみによっ
て複数の基地局から同じ情報を受信す
ることで，成功確率および信頼性を高
めている．

図 **6.26**　基地局間協調による送受信

演習問題

1. 米国の第 1 世代アナログセルラシステム (AMPS) は FDMA 方式であり，1 通信あたり 30 kHz の帯域を必要とした.

   20 MHz 帯域の周波数が使用可能であるとして，このシステムで 1 セル内で同時に使用可能な最大通信数を求めよ.

   なお，周波数繰返しを 7 とし，セクタは用いないものとする.

2. 米国の第 2 世代 TDMA セルラシステムでは，信号処理の高度化などにより，従来の FDMA 方式と同じ帯域幅 (30 KHz) で，3 ユーザが時間分割で接続することが可能になった. 前問 1. と同様に 7 セル繰返し・セクタなしのシステムとして，20 MHz 帯域あたりの 1 セル内での同時使用可能な最大通信数を求めよ.

3. TDD 方式では，上り回線と下り回線の時間スロットの間にガードタイムを設ける必要がある. これは，電波は超高速に伝搬するが，それでも速度が有限であることに起因して，セル端で使用する端末において，上り回線と下り回線との間の時間的な重なりを避けるためである. つまり，ガードタイムは，サービスエリアのセル半径の 2 倍の距離を，電波が伝搬する時間 (往復時間) 以上とすることが必要である. このガードタイムの長さを 100 μs とした場合に，TDD 方式セルラ通信システムの最大セル半径を求めよ.

4. TCP/IP の特徴を述べよ.

5. IP パケットのヘッダに含まれる生存時間の役割を述べよ.

6. TCP と UDP の特徴を述べよ.

7. TCP のフロー制御と輻輳制御の役割を説明せよ.

8. 以下の諸元をもつ通信デバイスがある. これと同等性能をもち，小型化バッテリ 200 mAh を用いて 2 年間の待受けを可能とするには，間欠受信間隔をどの程度まで伸ばすことが必要か.

   - 基地局モニタ間隔：1.28 秒
   - バッテリ容量：4000 mAh
   - 待受時間：800 時間

─ 10 年おきのシステム進化 ─

　日本で初めて携帯電話が開発された 1980 年以降，移動通信の技術はほぼ 10 年ごとに新しい方式への進化を遂げている．ただ携帯電話やスマートフォンといった移動端末がすでに何千万台も普及していることから，移動通信システムを一気に置き換えるのは現実的ではなく，後方互換性 (backward compatibility) を確保したうえで移行していくのが通例である．もともと 4G として導入された LTE システムは，その正式名称 "Long Term Evolution" の名に示されるとおり，当時十分に普及していた 3G との長期的な共存を前提として規格化されたものであるが，折しもスマートフォンの爆発的な普及によって一気に全国に展開されることとなった．同様に，5G においても初期段階では 4G と共存するノンスタンドアロン方式 (**NSA**; Non-Stand-Alone) が実装されている．ただ共存の過渡期においては，ネットワークを仮想化してリソースを分割するスライシング機能や，よりユーザに近い位置で情報を処理するエッジコンピューティングといった，5G ならではの価値を十分に発揮できないため，早期にスタンドアロン方式 (**SA**; Stand-Alone) への移行が期待されている．

　また，通信技術の進化に合わせて，伝送コンテンツとなる動画等の圧縮技術も急激な進歩を遂げている．例えば，非常に高精細な 4K 映像 (3840 ドット × 2160 ドット) を非圧縮にて伝送すると約 6.4 Gbps もの伝送帯域を必要とするが，映像データの符号化・圧縮技術である，**H.266/VVC** (Versatile Video Coding) を用いることで，約 20 Mbps での伝送が可能となる．これによって，より高解像度で，高画質の映像コンテンツが，移動通信環境においても身近に体験できることとなった．

　さらに，5G を高度化した **Beyond 5G** や **第 6 世代移動通信システム** (**6G**; 6th Generation) への取組みも始まっている．ここでは，超高速・低遅延・多接続伝送といった機能は大前提とし，現実世界である「フィジカル空間」のあらゆる情報をオンライン上にある「サイバー空間」に転送し，サイバー空間で分析・AI 予測等の処理を加えたうえで，再度フィジカル空間にフィードバックして，新しい価値やよりよい体験の創出を目指すコンセプトである．

　次世代の社会基盤を担うものとして，2030 年ごろには 6G が実用化されていることだろう．

第7章
通信を支える回路技術

　高度な通信の理論も，それを回路（ハードウェア）で実現できなければ，私たちはその恩恵を享受することはできない．今日，私たちは携帯電話やスマートフォンを日常的に使用しているが，本章では，それらの機器がどのような構成になっているのか，また，どのようにして開発されてきたのかを解説する．

7.1　スマートフォン無線部の回路構成と技術課題

1.　無線部の回路構成
　携帯電話機・スマートフォンなどの移動端末は，送信機と受信機から構成される無線機である[※1,1)]．図 **7.1** はスーパーヘテロダイン方式[※2]と呼ばれる移動端末無線部のブロック図を示す．図中，回路上部の左向き矢印の経路は送信部，回路下部の右向き矢印の経路は受信部を示す．送信部と受信部はアンテナ共用器を介して1本のアンテナを共用する．

　受信系の動作は，基地局から飛んできた微弱な電波をアンテナで捕捉し，アンテナ共用器を介して受信機トップの低雑音増幅器に送る．また，アンテナ共用器には2種類の方式があり，時分割の複信（duplex）に対してはスイッチ式共用器を用い，周波数分割の複信に対してはフィルタ式共用器を用いる．増幅された信号

[※1] 送受信機の回路構成や使用デバイスについては巻末の本章文献1) の 10 章，11 章に詳しく説明されている．

[※2] 7.6 節 1. を参照

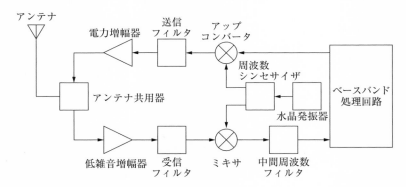

図 **7.1**　移動端末無線部のブロック図（スーパーヘテロダイン方式）

は受信フィルタに通され，必要な電波だけが取り出される．さらに，ミキサ（ダウンコンバータ）により中間周波数に変換され，中間周波数フィルタに通され近傍の不要な電波がさらに取り除かれる．その後，ベースバンド処理回路で復調され，情報信号が取り出される．

　対して，送信系の動作は，ベースバンド処理回路から出力される情報信号がアップコンバータで送信周波数に変換され，送信フィルタで不要な周波数成分が取り除かれた後，電力増幅器で増幅され，アンテナ共用器，アンテナを通されて空中に電波が放射される．

2.　回路で発生するひずみ

　ここで考慮しないといけないのは，回路で発生するひずみ（歪み）である．線形回路では入力信号と出力信号は比例関係にあり，複数の信号を同時入力したときの出力信号は，個々に入力した場合の出力信号の和になるという重ね合せの原理が成立する．したがって，線形回路に正弦波信号を入力した場合，信号の振幅と位相は変化するが周波数は不変であり，入力した周波数成分のみが出力される．これに対し，非線形回路では，単一周波数の正弦波信号を入力した場合でも，その出力には多くの周波数成分が含まれることになる．このような回路の非線形特性を積極的に利用する回路の代表例には，ミキサやてい倍回路などの周波数を変換する回路がある．

　しかし，通常の信号を扱う回路では，回路の非線形性により発生するひずみは

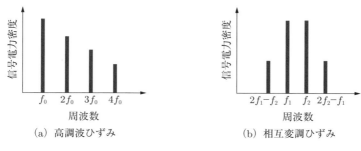

図 **7.2** 非線形回路で発生するひずみ

通信品質を劣化させる原因になる. また, 回路の非線形性が引き起こすひずみには, **高調波ひずみ**と**相互変調ひずみ**がある. 図 **7.2**(a) に示すように, 周波数 f_0 の信号を入力したときにその整数倍の周波数 $2f_0, 3f_0, \ldots$ に現れるひずみを高調波ひずみといい, 対して, 図 7.2(b) に示すように, 周波数 f_1 と周波数 f_2 の 2 つの近接した周波数の信号を入力した際に, 周波数 $2f_1 - f_2, 2f_2 - f_1$ など, 周波数 f_1 と f_2 の整数倍の和と差になる式

$$\{+ \text{または} - (mf_1) + \text{または} - (nf_2)\} \qquad (m, n \text{ は自然数})$$

で表される周波数に現れるひずみを相互変調ひずみという.

3. 帯域通過フィルタ

　送信フィルタ, 受信フィルタには, 必要な周波数の電波だけを通して, 不要な雑音や妨害電波を取り除く帯域通過フィルタが用いられる. このようなフィルタでは, 通過帯域における損失が小さく, 通過帯域外では大きな減衰量を確保できることが重要である. 移動端末では, 弾性表面波を利用した **SAW** フィルタや, セラミックを用いた**誘電体フィルタ**が主に用いられている[3].

　通常, フィルタは複数個の共振器を電気的に結合させて構成し, フィルタの周波数特性は, 通過帯域から周波数が離れるにしたがって減衰量が大きくなる. これをフィルタの**選択特性**といい, フィルタの特性を表す重要なパラメータである. 急峻な選択特性を得るためには, 用いる共振器の個数, すなわち, フィルタの段数を増やすことが必要である. また, 通過帯域における損失量は, フィルタの段

----

[3] 7.7 節 1. および 7.7 節 2. を参照.

数や通過帯域幅にも依存するが，本質的には，用いる共振器の特性のよさにより決定付けられる．ここで，共振器の特性のよさは，次式で表される**無負荷 Q 値**という指標で表され，一般的にサイズの大きい共振器ほど無負荷 Q 値が高く，性能がよい．

$$(無負荷 Q 値) = \frac{(共振系が保存する全エネルギー)}{(電気角 1\,rad の時間に共振器内で失われる電力)} \quad (7.1)$$

移動端末では小型化，軽量化が強く求められるため，小型でも無負荷 Q 値の高い共振器をいかにして実現するかが重要な技術的課題となる．

4.　低雑音増幅器

受信系でアンテナの次に通される低雑音増幅器は，受信した微弱な信号が雑音でかき消されないように強めるための増幅器である．受信機全体の雑音特性は，信号を増幅する場合，回路の入力側に近い方にあるデバイスほど影響が大きいため，初段の低雑音増幅器の**雑音指数**（**NF**; Noise Figure）[4]がきわめて重要である．一方，近年，高周波回路に用いる半導体技術の進歩により，デバイス特性が向上し，低雑音の増幅器が容易に構成できるようになった．例えば，シリコン CMOS トランジスタ，SiGe（シリコン–ゲルマニウム）バイポーラトランジスタ，および，GaAs（ガリウム–ヒ素）等の化合物半導体トランジスタなどで構成される集積回路（IC）が高周波回路で用いられている．

5.　ディジタル変復調器

変復調技術として，初期の移動通信システムではアナログ変復調方式である FM 変調が主に用いられてきたが，第 2 世代以降はディジタル変復調方式が用いられている．アナログ変調は，情報信号の波形に応じて搬送波信号の振幅，周波数，または位相のいずれかのパラメータを連続的に変化させるのに対し，ディジタル変調では，情報信号を時間軸上および振幅軸上で離散的にサンプル化（標本化および量子化）した後に，得られたディジタル信号を「0」「1」信号として，搬送波信号の振幅，周波数，または位相のいずれかのパラメータを変化させるものである（第 3 章，第 4 章参照）．

[4] 回路における入力 S/N 比と出力 S/N 比とにおける比のことで，回路による S/N 比の劣化度合いを示す．

　受信系では，搬送波信号の再生を行い，受信した信号に再生された搬送波信号を乗じることにより，復調を行う．

7.2　送信回路の構成と所要特性

1. 電力増幅器の効率

　電力増幅器（power amplifier; パワーアンプ）は，通信においては，電波を強くしてアンテナから送信するための増幅器である．そして，移動端末の無線回路で，最も電力を多く消費するのがこの電力増幅器である．移動端末においてバッテリの持続時間は連続使用時間を決定する非常に重要な性能指標であるので，電力増幅器の高効率化は大きな要因となる．

　増幅器において，高効率化の手法として高調波を処理する技術がよく知られている．その動作級として F 級増幅器[5]，逆 F 級増幅器，E 級増幅器，J 級増幅器といった増幅器がある．これら増幅器では，出力端子におけるトランジスタからみた負荷インピーダンスを最適なインピーダンスにして高調波処理することで，電流–電圧波形を高効率動作が可能となる波形に整形して高効率を実現する．なお，電力増幅器において，高出力・高効率が得られるバイアス条件や負荷条件を求める方法として，ロードプル測定法やトランジスタの大信号モデルを用いた非線形回路解析法が一般的に用いられている．

　ここで，電力増幅器の入出力特性を図 **7.3** に示す．電力増幅器は直流電源から供給される電力を用いて高周波信号の増幅を行う．出力電力は，入力電力が大きくなるにつれて，はじめは比例して大きくなるが，やがて入力電力レベルに追随できなくなり，最後に飽和する．したがって，直流電力から高周波信号電力に変換する効率は，図 7.3 に示すように，飽和動作付近で最大になる．また，変換効率には，直流電力と高周波信号出力電力の比を単純にとった**ドレイン効率** η_D（drain efficiency）と，増幅器に入力される高周波入力信号の寄与分を取り除いた**電力付加効率**（**PAE**; Power Added Efficiency）の指標があり，それぞれ以下の式で定義される．

$$（\text{ドレイン効率} \eta_D）= \frac{（\text{高周波信号出力電力}）}{（\text{直流入力電力}）} \tag{7.2}$$

----

[5] 7.5 節 2. の 165 ページ参照

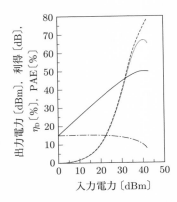

図 7.3 電力増幅器の入出力特性
（実線：出力電力，一点鎖線：利得，破線：η_D，点線：PAE）

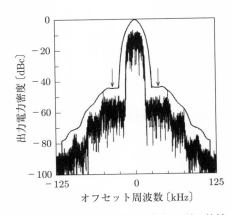

図 7.4 電力増幅器の相互変調ひずみ特性
（矢印は 3 次ひずみ成分を示している）

$$(\text{電力付加効率 PAE}) = \frac{\{(\text{高周波信号出力電力}) - (\text{高周波信号入力電力})\}}{(\text{直流入力電力})}$$

$$(7.3)$$

2. 隣接チャネル妨害

前項で解説したとおり，変調信号が振幅変調成分をもつ場合，信号にひずみを生じさせないためには最大振幅の入力時，すなわち，瞬時最大入力電力時に増幅器の飽和動作点を超えないようにする必要がある．したがって，変調信号の平均的な電力に対する動作点を飽和動作点より下げる必要があり，これをバックオフという．通常，バックオフとしてとる量は，変調信号の**瞬時電力対平均電力比（PAPR;** Peak to Average Power Ratio）に相当する量とする．

しかし，例えば，OFDM 信号では PAPR が 10 dB 程度であるため，飽和動作時の効率が 70 ％程度の電力増幅器であっても，平均的な効率は 30 ％程度になってしまう．この効率低下を抑えるためにさまざまな回路技術が研究開発されている．

また，変調された信号は帯域幅をもち，このような変調信号を非線形特性を有する増幅器で増幅すると，各周波数成分に対して相互変調ひずみが発生してしまう．変調信号を増幅器で増幅した出力信号の周波数スペクトルの例を図 **7.4** に示

す．信号帯域のすぐ両外側に現れるのが 3 次ひずみ成分であり，その外側が 5 次ひずみ成分である．

　このように，相互変調ひずみの成分は，信号スペクトルのすぐ近くに現れるため，フィルタでひずみ成分を除去することは不可能である．また，ひずみの現れる周波数帯域は隣の通信チャネルの周波数帯域であったり，あるいは受信帯域であったりするため，通信への妨害になる．したがって，このひずみレベルを十分に抑えることが必要である．ここで，信号電力レベルとひずみ成分の電力レベルの比を隣接チャネル漏えい電力比（**ACLR**; Adjacent Channel Leakage power Ratio）という．

7.3　発振回路と周波数シンセサイザ

　理想的な発振器の信号のスペクトルは線スペクトルだが，実際のマイクロ波発振回路で生成する信号のスペクトルは，雑音のため，純粋な線スペクトルにはならない．雑音を減らし線スペクトルに近づけるためには，発振器で使われる共振器の無負荷 Q 値を高くする必要がある．しかし，周波数の高いマイクロ波帯では共振器の無負荷 Q 値を高くすることは困難をともなう．そこで，位相同期回路を有する周波数シンセサイザが用いられる．図 7.5 に周波数シンセサイザの構成を示す．

　図中の **VCO** (Voltage Controlled Oscillator) は電圧制御型周波数可変発振器，また，**TCXO** (Temperature Compensated crystal Oscillator) は基準となる高安定の信号を発生させる温度補償型水晶発振器である．

　VCO は，周波数安定化のための共振器に，電圧制御型の可変容量素子であるバラクタダイオードなどを接続し，制御電圧によって発振周波数を変えられるようにした発振器である．これは，移動端末などの無線機においては，GHz 帯の搬送波などに使われる信号を生成するために使用される．

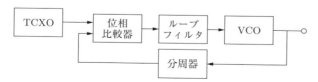

図 **7.5**　周波数シンセサイザの構成

　対して，TCXO は，水晶振動子を周波数安定化のための共振素子として用いた発振器である．水晶振動子は共振器としての無負荷 Q 値が非常に高い共振器としてよく知られているが，その共振周波数は MHz 帯である．また，水晶振動子は温度変化に対しても共振周波数が安定であるという特長を有するが，さらに発振周波数の変動を抑えるため，温度により抵抗値が変化するサーミスタなどの素子を発振回路に組み入れて温度補償を行った回路が TCXO である．

　周波数シンセサイザは，VCO の発振周波数を位相同期ループ（**PLL**; Phase Locked Loop）により TCXO の周波数に同期させ，安定した周波数の信号を発生させる発振器である．ただし，VCO の発振周波数は GHz 帯であり，TCXO の発振周波数は MHz 帯であるため，VCO の出力信号を，カウンタ動作を行う分周器を使って TCXO の発振周波数と同じ周波数まで下げる．ここで，VCO 出力の分周された（周波数を割った）信号と TCXO の出力が位相比較器によって位相比較されて，2 つの信号に位相差が生じた場合は誤差パルスが出力される．誤差パルスはループフィルタによって平滑化され，VCO への制御信号が生成される．このフィードバック回路により，VCO の出力は TCXO 出力の位相に常に追従するように制御されるため，VCO の周波数安定度は TCXO の安定度と同程度になる．

　また，その過程で，VCO の出力信号に含まれている雑音成分も，TCXO の信号の雑音成分と同程度にまで抑圧される．周波数シンセサイザの出力周波数は，分周器の分周数を変えることによってさまざまに変更できるが，通常の分周器はカウンタ動作を行うため，VCO の発振周波数の，整数分の 1 の信号が出力される．このような**整数分周方式周波数シンセサイザ**と呼ばれるシンセサイザでは TCXO の発振周波数の整数倍の周波数しか出力できず，その間の周波数は出力できない．これを改良したのが，分数分周を行う**分数分周方式周波数シンセサイザ**である．

7.4　変復調回路と所要特性

1.　直交変復調器
　搬送波と位相同期した再生搬送波に受信信号を乗じることにより，信号の復調を行うことを**同期検波**という．同期検波では，ダイオードなどを用いて行う包絡線検波と比べて，雑音に対する直交性を用いて雑音を低減できる．

　以下では主にディジタル変復調回路について説明する．ディジタル変調器では，

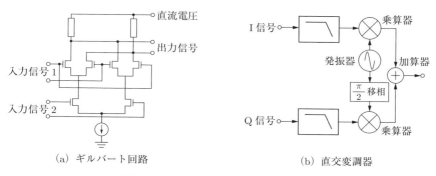

(a) ギルバート回路 (b) 直交変調器

図 **7.6** ギルバート回路と直交変調器

搬送波の振幅と位相に信号情報を載せる．したがって，位相情報を利用するディジタル変調の復調では同期検波が必要不可欠であり，搬送波の基準位相（同相成分，in-phase）成分と，それから $90°$ 位相がずれた直交位相（直交成分，quadrature）成分に分けて変調を行う直交変調器が用いられる．図 **7.6** はギルバート回路と呼ばれる乗算器と，それを用いた直交変調器である．直交復調器ではこの逆を行う．

2. 雑音とビット誤り

　ディジタル信号を伝送したときに，伝搬路の遅延特性や回路の雑音等によって受信側が受け取ったビットに誤りが生じる．1 ビットあたりの信号電力対雑音の電力密度比 E_b/N_0 に対するビット誤り率（**BER**; Bit Error Rate）[6]は E_b/N_0 が大きくなるほど小さくなるが，使用する変調方式によって変化の様子は異なる．また，E_b/N_0 が大きくなれば BER がいくらでもよくなるわけではなく，それ以上，BER が改善されない **BER** フロアを生じることがある[7]．

　また，復調した信号点を 2 次元の複素平面上に表現した図を信号空間ダイヤグラム（コンスタレーション図：constellation diagram）という（50 ページ参照）．ディジタル変調信号は，図 **7.7** に示すような横軸を搬送波と同じ位相，縦軸を直交する位相にとったコンスタレーション図において，信号点で表される．理想的な信号点の位置と，実際に復調器により復調された信号位置とのずれがエラーベクトルで，このエラーベクトルの大きさと理想信号位置の大きさとの比がエラー

----

[6] 4.3 節 3. の 61 ページ参照
[7] 5.6 節 2. の 117 ページ参照

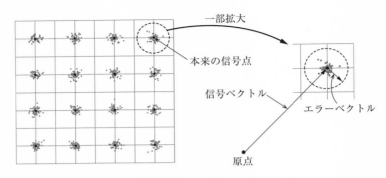

図 **7.7** 16QAM 信号の復調信号コンスタレーション図とエラーベクトル

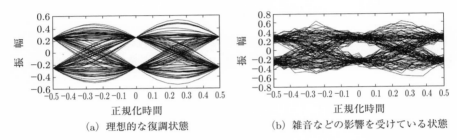

(a) 理想的な復調状態   (b) 雑音などの影響を受けている状態

図 **7.8** 復調信号のアイパターン

ベクトル振幅（**EVM**; Error Vector Magnitude）であり，通常％単位で表される．
　一方，復調信号電圧の時間変化を時間軸上に重ね書きで表したものが図 **7.8** に示すアイパターンで，時間軸上のサンプル点において信号点が収束していることを確認するために用いる．図 7.8(a) は理想的な復調状態を示す．対して，図 7.8(b) は雑音などの影響を受けている状態である．エラーベクトルが 0 であれば図 7.8(a) のように目が開いたような波形になるのに対し，エラーベクトルが 0 にならないときは図 7.8(b) のように目が閉じたような波形になることからアイパターン（eye pattern）と呼ばれている．

7.5　電力増幅器の高効率化技術，線形化技術

1.　バイアス条件と効率
　増幅器で用いるトランジスタは直流電圧を与え，交流信号増幅のための動作点

を設定することが必要である．**A 級動作**は交流負荷線の中央付近に動作点を設定するための電圧を加えるバイアス条件である．A 級動作では入力波形に比例する出力波形が得られ，ひずみは少ない．しかし，入力信号がなくても電流が流れ電力を消費するため，電源効率は悪い．したがって，小信号を扱う増幅器では用いられるが，大電力を扱う電力増幅器ではあまり用いられない．

また，**B 級動作**は，トランジスタの電圧電流特性曲線のカットオフ付近に動作点を選ぶバイアス条件である．B 級動作では入力信号の半周期だけ電流が流れ，無信号時には電流が流れないため，電力の消費は減り，電源効率は高くなる．しかし，出力信号は入力信号が半波整流された波形になるため大きなひずみが発生する．オーディオ周波数帯域などの低周波領域であれば出力合成トランスを用いたり，プッシュプル動作を行わせたりすることによりひずみを低減することもできるが，マイクロ波帯ではデバイス特性の限界により，このような手法の適用は困難である．

そこで，A 級動作と B 級動作の間のバイアス条件である **AB 級動作**が用いられることがある．AB 級動作は，適切なバイアス点の設定により，電源効率とひずみ特性の適度な両立を図るものである．実際，初期のディジタル携帯電話機では AB 級動作の電力増幅器が用いられていた．

2. 高調波処理による高効率化

移動端末の連続動作時間を延ばすためには，電力増幅器のさらなる高効率化が必要となる．そこで，B 級動作の電圧電流波形に対して高調波処理を施す高効率化技術が考案されている．その 1 つが **F 級増幅器**である[2]．

図 **7.9** は，B 級増幅器と F 級増幅器のドレイン電圧とドレイン電流の時間変化

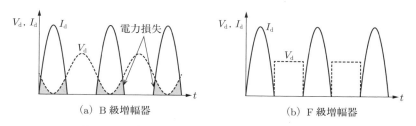

(a) B 級増幅器　　　　　　　　　(b) F 級増幅器

図 **7.9** B 級増幅器と F 級増幅器の電圧–電流特性

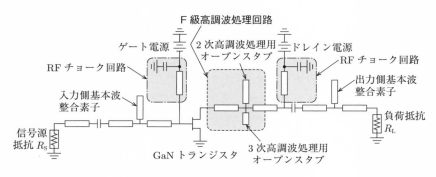

図 **7.10**　F 級増幅器の回路構成

特性を示したものである．B 級増幅器ではドレイン電圧がかかっている時間内に
ドレイン電流が流れている時間があり，2 つの波形の重なり部分がトランジスタ
における電力損失に対応する．この損失を避けるための方法として，電圧–電流波
形に高調波処理を施して波形整形を行い，電圧と電流の重なり部分をなくしてス
イッチング動作をさせる方法がある．例えば，F 級増幅器では，偶数次高調波に
対する負荷インピーダンスを 0 とし，奇数次高調波に対する負荷インピーダンス
を無限大とすることにより，ドレイン電圧波形がパルス状の波形になり，損失を
低減することができる．

　F 級増幅器の具体的な回路構成を図 **7.10** に示す．図 7.10 の回路は，オープン
スタブと呼ばれる線路を用いて，トランジスタから負荷側をみた際に 2 次高調波
をショートに，3 次高調波をオープンにみせる回路である．ここで，スタブ (Stub)
とは高周波回路において，伝送線路から分岐して並列に接続される分布定数線路
のことであり，オープンスタブはスタブの先端が開放されているものである．分
布定数回路では，波長に対する線路の相対的な長さでインピーダンスが変化して
みえる[3]．特に，4 分の 1 波長線路ではインピーダンスの反転が起こるので，その
性質を用いて，インピーダンス 0 と無限大をつくり出している．

　F 級増幅器以外にも，電圧電流の関係を逆にした逆 **F 級増幅器**や，**E 級増幅器**
など，さまざまな高効率増幅回路が考え出されてきた[4]．

3.　ドハティ増幅器

　ディジタル変調信号の増幅では良好な線形性が求められるため，バックオフを

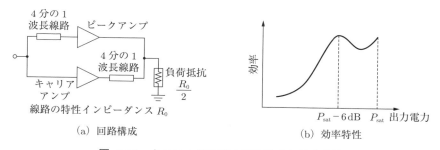

図 **7.11**　ドハティ増幅器の回路構成と効率特性

とった出力点で高効率動作することが求められる．ドハティ増幅器は，図 **7.11** に示すように，搬送波を増幅するキャリアアンプと，入力信号のピークを増幅するピークアンプの，2つの増幅器が並列に接続され，キャリアアンプは AB 級動作，ピークアンプは C 級動作に設定される．小出力領域では，ピークアンプは動作せず，その出力インピーダンスはほぼ無限大となるため，キャリアアンプからみた負荷抵抗は，実際につながる負荷抵抗 $R_0/2$ が4分の1波長線路で変換されて，最適抵抗 R_0 の2倍の $2R_0$ となる．

　その結果，キャリアアンプは通常の2分の1の出力で飽和状態となり，一方，ピークアンプの消費電力は0である．したがって，その状態で最大効率が得られる．

　さらに，入力を増加させるとピークアンプが動作を始めて出力が同相で合成されるために，両増幅器の負荷抵抗が自動的に変化し，最適負荷抵抗 R_0 に近づいていく．最終的に増幅器を単体で使用した場合の2倍の飽和出力電力が得られ，特に2つの増幅器が同じ飽和出力電力をもつ場合，図 7.11 に示すように，理論的には飽和出力点（P_sat）と6 dB バックオフ出力点（$P_\mathrm{sat}-6\,\mathrm{dB}$）の2か所で最大効率が得られる．

4.　エンベロープトラッキング方式

　エンベロープトラッキング（**ET**; Envelope Tracking）方式は，増幅器のドレイン電圧を出力電力に応じて変化させることにより，固定電圧での動作時に生じる電力損失を減らし，高効率化を実現する方式である．ET 方式の増幅器構成を図 **7.12** に示す．変調信号から振幅情報（エンベロープ）を取り出し，高周波電力増幅器の電源電圧として印加している．このように，エンベロープに応じて電

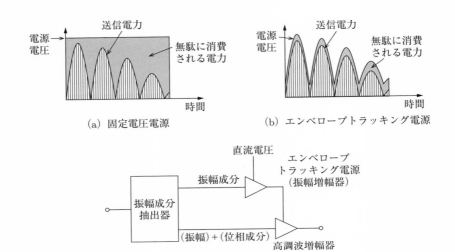

図 **7.12** エンベロープトラッキング方式の増幅器の原理と回路構成

源電圧を変化させることで，電力増幅器は常にほぼ飽和に近い状態で動作することとなり，これによって高効率が実現される．また，搬送波に比べて振幅信号の周波数帯はかなり低いため，振幅増幅器に効率の高いスイッチング電源を用いて，振幅増幅器を含めた増幅器全体の効率も高くできる．

5. プリディストーションひずみ補償回路

プリディストーションひずみ補償回路は，電力増幅器で発生するひずみに対して，逆のひずみをプリディストータで前もって発生させておいて，系全体ではひずみを低減しようとするものである．プリディストーションひずみ補償回路の構成，ならびに原理を図 **7.13** に示す．

プリディストータは，出力電力（振幅）と出力位相特性において，ひずみ補償を行う電力増幅器と逆の変化特性を有する．また，アナログ素子の非線形特性を用いて逆ひずみ回路を構成するものをアナログプリディストータ，ディジタル回路で等価的に逆ひずみを生成するものをディジタルプリディストータという．これらは，回路動作が安定で，回路構成も比較的簡単なことから，多くの基地局用電力増幅器で用いられている．

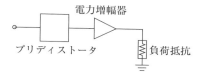

（a）ひずみ補償回路の構成

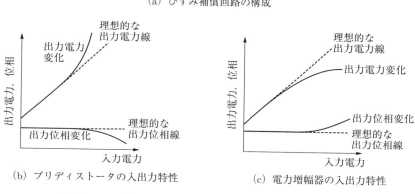

（b）プリディストータの入出力特性　　（c）電力増幅器の入出力特性

図 7.13　プリディストーションによるひずみ低減の原理

7.6　受信回路の構成と所要特性

1.　スーパーヘテロダイン方式とダイレクトコンバージョン方式

　本章冒頭で紹介したスーパーヘテロダイン方式は，ミキサにより電波の周波数（RF; Radio Frequency）を一度，中間周波数（IF; Intermediate Frequency）に変換して，増幅およびフィルタリングした後にベースバンド信号に戻す受信方式のことをいう．この方式は受信機としての性能に優れているが，以下の2つの理由から周波数変換が行われている．

　1つ目の理由は，高い周波数帯において，信号成分だけが含まれる狭い周波数帯域を抜き出す高選択度なフィルタを実現することが困難なことである．対策として，低い周波数に変換すると，信号の帯域幅は変わらないが相対的に比帯域幅が大きくなり，フィルタで信号成分だけを抽出しやすくなる．

　2つ目の理由は，受信機では非常に大きな増幅度を必要とするが，マイクロ波帯などの高い周波数帯では回路基板からの電波の放射が無視できないため，発振の恐れがあることである．周波数変換を行うことによりフィードバックループが

形成されなくなり，発振を抑制することができる．

　一方，このスーパーヘテロダイン方式では，受信したい信号の受信周波数 f_{RF} とは別に，局部発振周波数 f_{LO} との周波数差の絶対値が中間周波数 f_{IF} になるもう 1 つの周波数 f_{IM} の信号も周波数変換されて中間周波数フィルタを通過して受信されてしまう．f_{IM} は，局部発振周波数 f_{LO} を鏡に見立てると f_{RF} と鏡像の関係になることからイメージ信号といわれ，これによる妨害をイメージ妨害という．イメージ妨害を抑圧するためには，周波数変換をする前の RF 周波数帯において，受信周波数 f_{RF} は通し，イメージ信号の周波数 f_{IM} を抑圧する RF フィルタが必要である．

　スーパーヘテロダイン方式の受信機はダイナミックレンジが広く，妨害に強いという特長を有するものの，回路が複雑で必要な部品点数も多いことが難点である．

　これに対し，図 **7.14** に示すのがダイレクトコンバージョン方式の無線回路である．一見，回路の複雑さは変わらないようにみえるが，直交ミキサから，ベースバンド処理回路にかけた回路の大半をシリコン CMOS 集積回路で構成することができるのが大きな違いである．なお，直交ミキサでは，変調信号の同相（in-phase）成分と，90°度位相がずれた直交（quadrature）成分に分けてベースバンド信号に

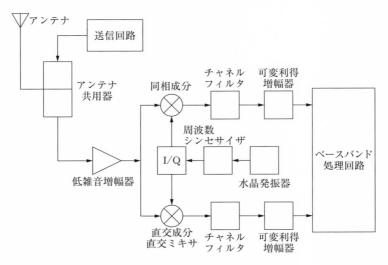

図 **7.14**　移動端末無線部のブロック図（ダイレクトコンバージョン方式）

戻し，ディジタル復調を行っている．従来，ダイレクトコンバージョン方式はダイナミックレンジが狭く，妨害波に弱いという欠点を有していたが，回路の工夫により克服され，また GHz 帯 CMOS 集積回路が出現したことにより，無線部の大幅な小型化ならびに低コスト化が実現され，広く利用されるようになっている．

2.　受信回路のダイナミックレンジ

　受信機では，微弱な信号から，強度の比較的強い信号まで扱わねばならず，広いダイナミックレンジを有していることが重要である．最終的に，復調器への入力信号レベルを一定レベルにそろえるため，**自動利得制御増幅器**（**AGC** amplifier; Automatic Gain Control amplifier）が用いられるが，RF 帯の信号を扱う初段に近い回路部では，受信周波数近傍の妨害信号はフィルタで除去しきれておらず，微弱な所望受信信号と強い妨害信号が混在し，低雑音増幅器やミキサに両者が同時に入力される状況がしばしば発生する．しかし，そのような場合でも，感度抑圧やひずみが発生しないように無線回路を設計する必要がある．

3.　小型アンテナとアンテナダイバーシチ

　初期の携帯電話機では通信可能範囲を広げるため，比較的利得の高いホイップアンテナや外付けのヘリカルアンテナが用いられていた．図 **7.15** に旧式の携帯電話端末に使われていたヘリカルアンテナとホイップアンテナの模式図を示す．しかし，その後，セルの小型化にともない，アンテナは利得よりも小型化かつ内蔵

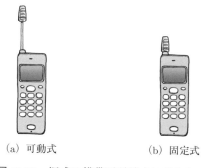

（a）可動式　　　　　（b）固定式

図 **7.15**　旧式の携帯電話端末に使われていたヘリカルアンテナとホイップアンテナ

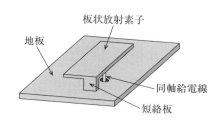

図 **7.16**　板状逆 F アンテナ

（図中ラベル）地板　板状放射素子　同軸給電線　短絡板

化が求められることになっていった．図 **7.16** は，現在の移動端末で内蔵アンテナ
として用いられている**板状逆 F アンテナ**を示す．

　一方，移動体通信では，マルチパスにともなうフェージングにより通信品質が
劣化するため，この対策の 1 つとしてアンテナダイバーシチが用いられる．その
際には，前述のヘリカルアンテナ，ホイップアンテナと板状逆 F アンテナの組合
せがしばしば用いられる[5)]．

7.7　フィルタと受動デバイスの小型化技術

1.　誘電体フィルタ

　多くの電波が飛び交う中で，安定な通信を行うためには，必要な電波だけを抽
出するフィルタが非常に重要である．ここで，フィルタに要求される性能には，
通過帯域での損失の低減，減衰帯域での減衰量の確保，通過帯域から減衰帯域ま
での減衰特性の傾きに対応する選択特性などがあり，これらを満足する構造を考
える必要がある．

　さらに移動端末では，所望の電気的特性をどのくらいの大きさで実現できるか
が重要であり，いいかえれば，フィルタの特性を劣化させずに小型化，軽量化す
ることが重要である．したがって，初期の携帯電話機では，図 **7.17** に示す誘電
体同軸共振器を用いた**誘電体同軸フィルタ**が使用されていた．その後，誘電体同

(a) 誘電体同軸
　　共振器

(b) 誘電体同軸フィルタ
　　（左右 20 mm 程度）

図 **7.17**　誘電体同軸共振器と誘電体同
　　　　　軸フィルタ

(a) 外観写真
　　（左右 4 mm 程度）

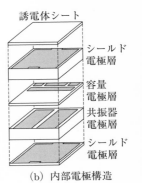

誘電体シート

シールド
電極層

容量
電極層

共振器
電極層

シールド
電極層

(b) 内部電極構造

図 **7.18**　LTCC フィルタとその構造

軸フィルタを小型化するために，図 **7.18** に示すセラミック多層構造の**低温同時焼成セラミック**（**LTCC**; Low Temperature Co–fired Ceramics）技術[6]※8を用いた，**LTCC** フィルタが開発された[7]．

2. SAW フィルタと BAW フィルタ

さらに，共振器も小型化するには，扱う波の伝搬速度を遅くして波長を短くするとよい．そこで，電磁波ではなく，物体中を伝搬する弾性波を用いることで，共振器やフィルタを小型化したのが**表面弾性波フィルタ**（**SAW** フィルタ; Surface Acoustic Wave filter）や**バルク弾性波フィルタ**（**BAW** フィルタ; Bulk Acoustic Wave filter）である．

図 **7.19** は移動端末に用いられている SAW フィルタの外観写真である．SAW フィルタは，圧電体基板の表面にくし形電極（**IDT**; InterDigital Transducer）を形成し，IDT により励振された弾性表面波を利用する．図 **7.20** に，IDT 電極による弾性表面波の励振と，SAW 共振器の構造を示す．IDT により励振された弾性表面波は基板の表面に沿って伝搬する．特に，移動端末で用いられる RF 帯 SAW フィルタは，IDT 電極の両側に反射器電極を配置した SAW 共振器を用いたものである．図 **7.21** は，SAW 共振器を用いたラダー型 **SAW** フィルタと呼ばれるものである．直列共振器の共振周波数と，並列共振器の反共振周波数を一致させて通過帯域

図 **7.19** SAW フィルタ

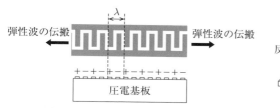

（a）IDT 電極による弾性表面波の励振

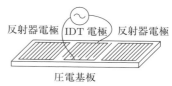

（b）SAW 共振器の構成

図 **7.20** IDT 電極による弾性表面波の励振と SAW 共振器の構成

※8 移動端末への LTCC デバイスの応用について巻末の本章文献6) の 6 章から 10 章に詳しく説明されている．

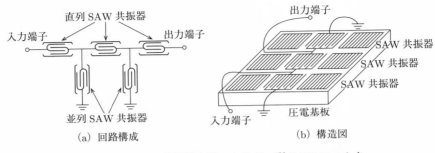

図 **7.21** SAW 共振器を用いたラダー型 SAW フィルタ

を形成し,直列共振器の反共振周波数と,並列共振器の共振周波数において,通過帯域の両側に減衰極を形成している[8]).

ラダー型 SAW フィルタの帯域幅は,SAW 共振器の共振周波数と反共振周波数の周波数差で決まるが,その値は用いる圧電基板の電気機械結合係数で決定される.また,移動端末用には高い電気機械結合係数をもつ圧電基板が必要で,タンタル酸リチウム(リチウムタンタレート;$LiTaO_3$)やニオブ酸リチウム(リチウムナイオベート;$LiNbO_3$)などが用いられる.

一方,SAW フィルタは小型で高性能であるため,移動端末の小型化に大いに貢献したが,周波数が 3 GHz 以上になると IDT 電極の幅は 0.5 μm より狭くなって微細加工が必要になるだけでなく,大電力入力時の機械的振動による IDT 電極の劣化が課題になる.

対して,BAW フィルタは圧電薄膜の厚み振動による共振を用いたフィルタであるが,その構造は 2 種類ある.1 つは,**FBAR**(Film Bulk Acoustic Resonator)と呼ばれる構造で,図 **7.22**(a)に示すように,圧電薄膜の下に空間を設けて金属電極で挟まれた圧電薄膜を自己支持した構造を有している[9]).

もう 1 つは,図 7.22(b)に示す **SMR**(Solidly Mounted Resonator)と呼ばれる構造で,金属電極で挟まれた圧電薄膜が振動する点は FBAR と同じであるが,振動エネルギーが基板のほうに逃げないように**音響ブラッグ反射器**[※9]で振動エネルギーを閉じ込めている点が異なる[10]).

[※9] 音響インピーダンスの高い膜と低い膜を交互に積層したもの.

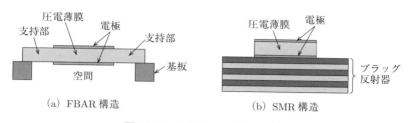

図 **7.22** BAW フィルタの構造

(a) FBAR 構造

(b) SMR 構造

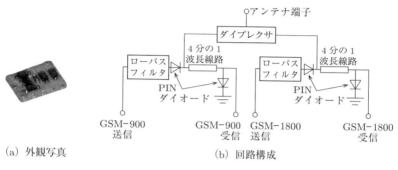

(a) 外観写真

(b) 回路構成

図 **7.23** LTCC スイッチ共用器

3. LTCC スイッチ共用器

図 **7.23** は，TDMA 方式である GSM（Global System for Mobile communications）の 2 つの異なる周波数帯で通信できるデュアルバンド端末で使われる**LTCC スイッチ共用器**の例である．デュアルバンドに対応して，900 MHz 帯の GSM–900 帯域と，1800 MHz 帯の GSM–1800（**DCS**; Digital Cellular System とも呼ばれる）帯域を分波するダイプレクサと，送受信を切り換えるスイッチ回路で構成されている．

また，PIN ダイオードと一部のチップ部品は LTCC 積層体の表面にはんだ付けで実装されているが，その他の数十個程度の構成素子は LTCC の多層基板内に電極パターンとしてつくり込まれている．すなわち，受動部品の集積化が行われており，これにより小型化，軽量化が達成されている．

4. 基地局用フィルタ

また，移動通信の基地局では，非常に高性能なフィルタ共用器が使用されてい

る．特に，高選択性を実現するため，10 段から 15 段程度のフィルタが送受，それぞれに使用される．

受信フィルタ，送信フィルタには図 **7.24** で示すようなセラミック共振器が用いられており，端末フィルタで用いられる共振器より無負荷 Q 値がかなり高い．図 **7.25** は，第 3 世代移動通信システムの基地局で用いられていたアンテナ共用器の写真と回路構成である．

25 mm

図 7.24　基地局フィルタに使われるセラミック共振器

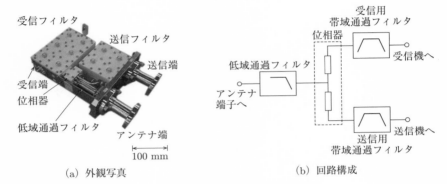

(a) 外観写真　　　　　　　　(b) 回路構成

図 7.25　基地局用アンテナ共用器

7.8　基地局装置

基地局も，移動端末と同様に，受信機と送信機から構成される無線機であるが，基地局では多数を相手にした通信を同時に行わなければならない点が移動端末と異なっている．そのために，特に，大きな電力を扱う基地局送信系の電力増幅器には高い性能が要求されている．一方，通信方式によって要求される性能項目は異なるため，その回路構成は通信システムの世代交代とともに変遷してきた．

第 1 世代のアナログ携帯電話では FDMA を用いたため，周波数の異なるチャネルごとに電力増幅器を用意して信号を増幅し，各電力増幅器の出力は，チャネルフィルタで構成される送信コンバイナを用いて合成し，1 本のアンテナに供給する構成がとられていた．これは，1 つの増幅器で複数の信号を増幅する際に発生する相互変調ひずみを避けるためであるが，送信コンバイナは大変大がかりな

装置であった．また，信号を処理する無線回路もチャネルごとに必要であった．

これに対して，第2世代以降のディジタル方式では TDMA や CDMA が用いられたため，信号の帯域幅は広くなったものの，扱う周波数は多重数に応じて削減された．その結果，必要な無線回路の数は少なくて済むようになり，基地局装置が大幅に簡素化された．また，電力増幅器についても，ひずみ補償技術を取り入れて1つの電力増幅器で増幅を行う共通増幅方式が開発され採用された．

一方，移動通信システムでは，多数のユーザが同時に大容量通信を行うことができるように，年々，小セル化が進んでいる．しかし，セルを小さくすればするほど，基地局がその分，多く必要になり，基地局のスペースの確保が課題となる．したがって，基地局装置の小型化，低コスト化が必要であり，光張出し基地局（**RRH**; Remote Radio Head）が多数設置されるようになった．図 **7.26** は，大型のラック型基地局無線装置と，小型の光張出し基地局装置の写真である．光張出し基地局は変復調や無線送受信などの機能のみを有し，ディジタル信号処理，保守監視機能などを備えた親局と光ファイバで接続されている．小型で電柱などの上に設置することも可能であり，設置場所の制約が緩和できる．また，設置工事が簡素化されるので，小セル化推進の原動力になっている．

(a) ラック型基地局無線装置　　　　(b) 光張出し基地局（RRH）

図 **7.26**　基地局装置
（NTT 技術史料館，（株）NTT ドコモ提供）

7.9　端末装置

　移動通信システムでは，携帯電話・スマートフォンなどの移動端末はもち運ぶことを前提にしているため，小型軽量であり，かつ，電池による低電力でなるべく長時間動作できることが本質的に必要である．また，多くの人に所有して使用してもらうためには低コスト化が重要である．旧式の携帯電話機は，当初は電話機能を有するだけであったが，やがてショートメッセージ機能を取り入れ，インターネット機能を取り入れ，カメラ機能や無線 LAN 機能を取り入れていくことで，まさに小型 PC であるスマートフォンという情報端末に変貌を遂げた．このようなことが，移動端末という利便性を維持しながら実現することができた背景には，無線回路の小型化，軽量化と低消費電力化が大きく寄与している[11, 12]．また，液晶ディスプレイ，有機 EL ディスプレイや 2 次電池であるリチウムイオン電池など，無線回路部以外の新技術の開発も移動端末の発展の大きな要因となっている．

　携帯電話機からスマートフォンにいたる移動端末の変遷を図 **7.27** に示す．本格的なセルラー方式の移動通信システムは，1979 年に日本電信電話公社（現，日本電信電話（株）；NTT）が世界に先駆けて自動車電話として 900 MHz 帯を利用したサービスを開始したのが始まりである．図 7.27 (a) は最初の自動車電話機で，無線機の容量 6600 mL，重量約 7 kg で，車のトランクに据え付け，アンテナは車の屋根に取り付けて使用するものであった．それから約 5 年後の 1985 年には，図 7.27 (b) に示す重量約 3 kg の可搬型端末（ショルダーホン）が開発された．1987 年には体積 500 mL，重量 900 g の図 7.27 (c) に示す携帯端末が開発された．一方，1989 年，図 7.27 (d) に示す米国モトローラ社が出した体積 220 mL，重量 303 g の「マイクロタック」（MicroTAC）は全世界に衝撃を与え，この機種は世界最初の携帯電話と呼ばれるに相応しいものであった．それから，携帯電話の熾烈な小形化・軽量化競争の幕が切って落とされ，早くも翌 1990 年には日本移動通信（株）（IDO）が「ミニモ P」（体積 203 mL，重量 293 g）を出し，1991 年には（株）NTT ドコモから図 7.27 (e) に示す初代「ムーバ」4 機種が発表された．なかでも「ムーバ P」は 170 mL，220 g であり，当時の世界最小・最軽量を達成した．なお，この時代は，まだ第 1 世代のアナログ移動通信システムが使われていた．

（a）最初の自動車電話機（801 型）　（b）ショルダーホン（100 型）　（c）携帯端末（TZ802 型）

ムーバP　　ムーバF　ムーバN　　ムーバD

（d）モトローラ社製 MicroTAC　　（e）第 1 世代と呼ばれるアナログ携帯電話

デジタル　　デジタル　　デジタル　　デジタル　　　P208　　　　P504i
ムーバP　　ムーバD　　ムーバF　　ムーバN　　　HYPER

（f）第 2 世代と呼ばれるディジタル携帯電話

P2101V　　　　P01−G

（g）第 3 世代と呼ばれるディジタル携帯電話

初代 iPhone　　　　Xperia　　　　Galaxy
（h）スマートフォン

図 7.27　移動端末の変遷
（MicroTAC，iPhone を除いて提供：（株）NTT ドコモ）

　1993 年には（株）NTT ドコモから図 7.27（f）に示す第 2 世代のディジタル移動通信システムに対応した「デジタルムーバ」4 機種が発表された．この後，毎年 2 回のペースで新機種が発表され，1 mL，1 g の小型化，軽量化を争う開発競争時代が続いた．そして，1999 年に「P208HYPER」がついに 57 g を達成した．

　この間，機能面でも大きな発展が続き，1999 年に（株）NTT ドコモにより i-mode サービスが開始され，携帯電話は音声通話だけの機器から，メール通信機能，ブラウザ機能が付加された情報端末へと大きく変貌を遂げていった．その後，大きな液晶画面の採用やカメラ機能の追加，外付メモリ機能の追加，GPS，無線LAN，ワンセグ（携帯電話等に向けたテレビ放送サービス；1 セグメント放送）などのモジュール搭載でさらなる多機能化がなされた結果，携帯電話の外形はむしろ大きくなっていき，このころから形状は，図 7.27（f）に示す「P504i」のような 2 つ折タイプが主流になっていく．2001 年には，高速大容量通信が可能な，第 3 世代移動通信システムが開始された．図 7.27（g）に第 3 世代移動通信システム当時の携帯電話機を示す．世界中で利用できるように，複数の周波数帯域を使用するマルチバンド機能や複数の方式で使えるマルチモード機能をもつ機種が登場した．

　そして，2007 年に米国アップル社から初代「iPhone（アイフォーン）」が発表されたのを先駆けとして，図 7.27（h）に示すようなスマートフォンが次々に発売され，本格的なスマートフォン時代に突入した．スマートフォンとは，インターネットへの自由なアクセス，フルブラウジング，オープン化された OS（iOS，Android など），PC により近い機能，高速無線アクセス技術を有する移動端末のことを指す．2009 年には，第 3 世代移動通信システムをさらに高速大容量化した LTE（Long Term Evolution）と呼ばれる移動通信システムが商用化された．さらに，2015 年には第 4 世代の移動通信システム（IMT–Advanced とも呼ばれる）が，続いて 2020 年には第 5 世代（5G）移動通信システムが開始された．

　このような移動端末の小型軽量化は，回路構成の改良と使用部品の小型化，軽量化によって行われている．例えば，回路構成は，7.6 節で説明したようにスーパーヘテロダイン方式からダイレクトコンバージョン方式に変更されることによって簡素化されるとともに，半導体 IC 化されることによって小型化，軽量化された．また，フィルタなどの受動部品群も LTCC 技術を用いた集積化など，さまざまな新技術の開発により小型化，軽量化された．その速度は，携帯電話登場後の 15 年

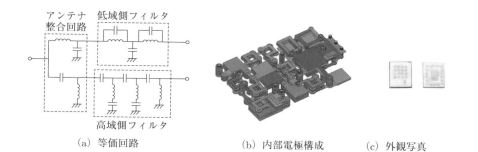

(a) 等価回路   (b) 内部電極構成   (c) 外観写真
(左右 2 mm 程度)

図 **7.28**　スマートフォン用 LTCC ダイプレクサ

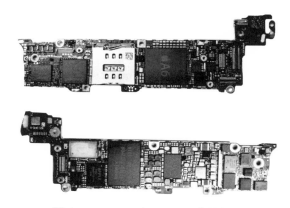

図 **7.29**　スマートフォンの実装基板

間で，端末は約 10 分の 1 程度に，端末内部で使用されている受動部品にいたっては約 100 分の 1 程度になったほどである．図 **7.28** はスマートフォンに用いられている **LTCC** ダイプレクサの等価回路，内部電極構成，外観写真を示している．厚さ 0.6 mm で 3 mm 角より小さなセラミックの多層基板内に多数の回路素子がつくり込まれ，小型化が実現されている．

　図 **7.29** はスマートフォンの実装基板の写真である．長さ 8.5 cm，幅 2 cm ほどの多層基板の両面には，数百万個のトランジスタに相当する集積度をもつ超大規模集積回路（超 LSI）が複数個搭載されるとともに，チップコンデンサなどの大きさ 1 mm 角程度の超小型の電子部品が高密度で実装されている．さらに，すべての搭載部品は低背化（高さを低くする）が図られ，部品の高さをできるだけそ

ろえることにより、スマートフォンのケース内で余分な空間が生じないように設計されている.

7.10 マルチバンド化と高周波化技術

移動通信システムは、まず 900 MHz 帯においてサービスが開始されたが、ニーズの飛躍的な増加にともなって、通信容量を増やすために新たな周波数帯域の割当てが必要となり、1.8 GHz 帯や 2.1 GHz 帯など新たな帯域が次々と割り当てられていった. 当初は、新しい通信方式に新しい帯域を使用する形で周波数が割り当てられていったが、マルチモード・マルチバンド端末の出現により周波数帯域を意識せずに通信を行うことが可能になった. その結果、複数の周波数帯を同時に使用して通信速度の向上や安定した高速通信を実現するキャリアアグリゲーション[10]という技術が出現した.

また、図 7.30 は移動通信システムの周波数動向を示しており、近年ではより多くの通信容量を確保するために、いままであまり通信には使われてこなかった 6 GHz 以上の高マイクロ波帯や、20 GHz 以上の準ミリ波、さらには 30 GHz 以上のミリ波帯を積極的に使用することが考えられている. 特に、近年の半導体 IC の

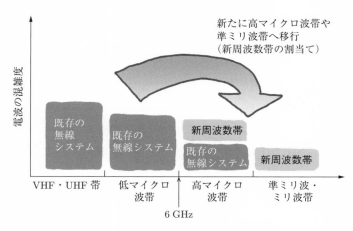

図 7.30 移動通信システムの周波数動向

....

[10] 6.4 節 1. の 148 ページ参照.

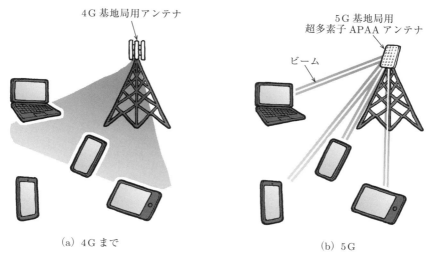

（a）4G まで　　　　　　　　　　　（b）5G

図 **7.31**　4G，5G システム基地局の動作の模式図

技術革新による性能向上により，比較的安価なミリ波帯の IC が開発されてきて
おり，今後ミリ波帯の利用はますます進むものと考えられる．

　さらに，5G システムでは超多素子アンテナ（**Massive MIMO**）[*11]と呼ばれる
ビームフォーミング技術を用いて空間多重を行い，通信容量を増やす技術が基地
局で用いられる（101 ページ参照）．図 **7.31** は，4G までと 5G の各システムの基
地局の動作を示している．5G システムの基地局では，多数のアンテナ素子の励振
位相をそれぞれ電子的に制御するアクティブフェーズドアレーアンテナ（**APAA**;
Active Phased Array Antenna）を用いることにより，ビームの方向を自在に変え
ることができる．しかし，そのためには，アンテナ素子ごとに無線回路が必要と
なり，アンテナ素子と無線回路を一体構造にしたアクティブ集積アンテナ（**AIA**;
Active Integrated Antenna）が用いられる．

　このように，移動通信システムではマルチバンド化と高周波化が進むとともに，
アレーアンテナを用いた空間多重利用が進み，そのための技術開発が今後とも活
発に行われていくものと思われる．

....

[*11] 6.4 節 1. の 149 ページ参照．

略　解

第 2 章

1.
$$f(t) = \frac{1}{2} + \frac{4}{\pi^2} \left\{ \cos f_0 t + \frac{1}{3^2} \cos 3 f_0 t + \frac{1}{5^2} \cos 5 f_0 t + \cdots \right\}$$

2. 畳込み積分のフーリエ変換は

$$
\begin{aligned}
\mathcal{F}[x(t) * y(t)] &= \int_{-\infty}^{\infty} e^{-j 2 \pi f t} \left[\int_{-\infty}^{\infty} x(\tau) y(t - \tau) d\tau \right] dt \\
&= \int_{-\infty}^{\infty} x(\tau) \left[\int_{-\infty}^{\infty} y(t - \tau) e^{-j 2 \pi f t} dt \right] d\tau \\
&= \int_{-\infty}^{\infty} x(\tau) \left[\int_{-\infty}^{\infty} y(t') e^{-j 2 \pi f t'} dt' \right] e^{-j 2 \pi f \tau} d\tau \\
&\hspace{6.5cm} (t' = t - \tau) \\
&= \int_{-\infty}^{\infty} x(\tau) Y(f) e^{-j 2 \pi f \tau} d\tau \\
&= X(f) Y(f)
\end{aligned}
$$

3. 理想高域通過フィルタの単位インパルス応答は

$$
\begin{aligned}
h(t) &= \int_{-\infty}^{\infty} H(f) e^{j 2 \pi f t} dt \\
&= \int_{-\infty}^{\infty} e^{j 2 \pi f t} dt - \int_{-f_L}^{f_L} e^{j 2 \pi f t} dt \\
&= \delta(t) - 2 f_L \frac{\sin 2 \pi f_L t}{2 \pi f_L t}
\end{aligned}
$$

すなわち，デルタ関数から，理想低域通過フィルタの単位インパルス応答を差し引いたものとなる．

第 3 章

1.

$$F_{\mathrm{AM}}(f) = \mathcal{F}\left[f_{\mathrm{AM}}(t)\right]$$

$$= \mathcal{F}\left[A_0\left\{1 + m_{\mathrm{a}}\cos(2\pi f_1 t)\right\}\cos(2\pi f_0 t)\right]$$

$$= A_0 \mathcal{F}\left[\left\{1 + m_{\mathrm{a}}\frac{\mathrm{e}^{\mathrm{j}2\pi f_1 t} + \mathrm{e}^{-\mathrm{j}2\pi f_1 t}}{2}\right\}\frac{\mathrm{e}^{\mathrm{j}2\pi f_0 t} + \mathrm{e}^{-\mathrm{j}2\pi f_0 t}}{2}\right]$$

$$= A_0 \mathcal{F}\left[\frac{\mathrm{e}^{\mathrm{j}2\pi f_0 t}}{2} + \frac{\mathrm{e}^{-\mathrm{j}2\pi f_0 t}}{2} + m_{\mathrm{a}}\frac{\mathrm{e}^{\mathrm{j}2\pi(f_0+f_1)\,t}}{4}\right.$$

$$\left. + m_{\mathrm{a}}\frac{\mathrm{e}^{\mathrm{j}2\pi(f_0-f_1)\,t}}{4} + m_{\mathrm{a}}\frac{\mathrm{e}^{-\mathrm{j}2\pi(f_0+f_1)\,t}}{4}\right.$$

$$\left. + m_{\mathrm{a}}\frac{\mathrm{e}^{-\mathrm{j}2\pi(f_0-f_1)\,t}}{4}\right]$$

$$= \frac{A_0}{2}\left\{\left(\mathcal{F}\left[\mathrm{e}^{\mathrm{j}2\pi f_0 t}\right] + \mathcal{F}\left[\mathrm{e}^{-\mathrm{j}2\pi f_0 t}\right]\right)\right.$$

$$+ \frac{m_{\mathrm{a}}}{2}\left(\mathcal{F}\left[\mathrm{e}^{\mathrm{j}2\pi(f_0+f_1)\,t}\right] + \mathcal{F}\left[\mathrm{e}^{\mathrm{j}2\pi(f_0-f_1)\,t}\right]\right.$$

$$\left.\left. + \mathcal{F}\left[\mathrm{e}^{-\mathrm{j}2\pi(f_0+f_1)\,t}\right] + \mathcal{F}\left[\mathrm{e}^{-\mathrm{j}2\pi(f_0-f_1)\,t}\right]\right)\right\}$$

ここで, $\mathcal{F}\left[\mathrm{e}^{\mathrm{j}2\pi f_2 t}\right] = \delta\left(f - f_2\right)$ であるから以下となる.

$$F_{\mathrm{AM}}(f) = \frac{A_0}{2}\left[\left(\delta(f - f_0) + \delta(f + f_0)\right) + \frac{m_{\mathrm{a}}}{2}\delta\left\{f - (f_0 + f_1)\right\}\right.$$

$$+ \delta\left\{f - (f_0 - f_1)\right\} + \delta\left\{f + (f_0 + f_1)\right\}$$

$$\left. + \delta\left\{f + (f_0 - f_1)\right\}\right]$$

2. $A_0 = 1$, $m_{\mathrm{a}} = 0.5$ を代入して以下となる.

$$F_{\mathrm{AM}}(f) = \frac{1}{2}\left\{\delta(f - f_0) + \delta(f + f_0)\right\}$$

$$+ \frac{1}{8}\left[\delta\left\{f - (f_0 + f_1)\right\} + \delta\left\{f - (f_0 - f_1)\right\} + \delta\left\{f + (f_0 + f_1)\right\}\right.$$

$$\left. + \delta\left\{f + (f_0 - f_1)\right\}\right]$$

つまり, 搬送波成分の振幅は $1/2$, 側波帯成分は $1/8$ である. これと, $f_0 = 1$ 〔MHz〕, $f_1 = 100$ 〔kHz〕を考慮して, 求める強度スペクトルは図 **A.1** となる.
占有周波数帯域幅は 200kHz である.

3. $\Delta f = m_{\mathrm{f}} = m_{\mathrm{F}}f_1 = 10 \cdot 3 = 30$ 〔kHz〕
   $B = 2(\Delta f + f_1) = 2 \cdot (30 + 3) = 66$ 〔kHz〕

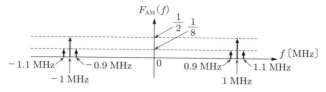

図 **A.1** 求める強度スペクトル

第 4 章

1. 式 (2.31) より，このフィルタの単位インパルス応答は

$$h(t) = \frac{\sin(\pi f_s t)}{\pi f_s t}$$

である．したがって，復元された信号は

$$\begin{aligned}
x(t) &= x_s(t) * h(t) \\
&= \sum_{i=-\infty}^{\infty} \left\{ x(it_s) \frac{\sin[\pi f_s(t - it_s)]}{\pi f_s(t - it_s)} \right\}
\end{aligned}$$

と表すことができる．この様子を図 **A.2** に示す．

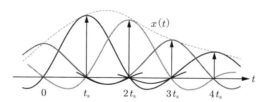

図 **A.2** 標本化された信号 $x_s(t)$ と，sinc 関数による原信号 $x(t)$ の復元

2. 係数成分 b_n を省略して考え，1 シンボル区間にわたる IDFT の n 番目の周波数成分 $(\mathrm{e}^{\mathrm{j}2\pi/N})^{nk}(k = 0, \ldots, N-1)$ の系列ベクトル

$$\begin{aligned}
\mathbf{e}^{(n)} &= [e_0^{(n)}, e_1^{(n)}, .., e_{N-1}^{(n)}] \\
&= [1, (\mathrm{e}^{\mathrm{j}2\pi/N})^n, ..., (\mathrm{e}^{\mathrm{j}2\pi/N})^{n(N-1)}]
\end{aligned}$$

を定義する．

このとき，異なる周波数 n, n' をもつ 2 つのベクトル $\mathbf{e}^{(n)}, \mathbf{e}^{(n')}$ 間の内積を求めると，$n \neq n'$ であれば

$$
\mathbf{e}^{(n)} \mathbf{e}^{(n')*T} = \sum_{k=0}^{N-1} (\mathrm{e}^{\frac{\mathrm{j}2\pi}{N}})^{k(n-n')}
$$

$$
= \frac{1 - (\mathrm{e}^{\frac{\mathrm{j}2\pi}{N}})^{(n-n')N}}{1 - (\mathrm{e}^{\frac{\mathrm{j}2\pi}{N}})^{(n-n')}} = 0
$$

となるので，直交することが示される.

3. 図 **A.3** のようになる. 平均符号長は

$$
2 \cdot 0.3 + 2 \cdot 0.3 + 2 \cdot 0.2 + 3 \cdot 0.1 + 3 \cdot 0.1 = 2.2 \quad 〔ビット〕
$$

である. 符号 $0, 1$ の割当て方には自由度があるが，平均符号長は変わらない.

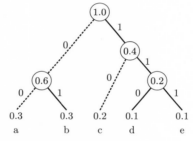

図 **A.3** ハフマン符号化の例
（事象と符号語の対応は，それぞれ a → 00，b → 01，c → 10，d → 110，e → 111）

4. 受信語 $\boldsymbol{r} = (0001101)$ に対して，式 (4.38) を用いてシンドロームを求めると

$$
\boldsymbol{s} = \boldsymbol{r} \boldsymbol{H}^\mathsf{T} = (110)
$$

が得られ，$\mathbf{0}$ ではないので，誤りが生じている.

また，$\boldsymbol{s}$ は $\boldsymbol{r} \boldsymbol{H}^\mathsf{T}$ の第 1 列と一致することから，最初のビットに誤りが生じていると判断される. 正しい符号語は (1001101) であり，送信情報は (1001) である.

第 5 章

1. E_θ についてみると，式 (5.2) から各成分の比は次の関係となる.

静電界 E_{sta} : 誘導電界 E_{ind} : 放射電界 $E_{\mathrm{rad}} = r^{-3} : kr^{-2} : k^2 r^{-1}$.

よって，$E_{\mathrm{sta}} = E_{\mathrm{ind}}$，$E_{\mathrm{ind}} = E_{\mathrm{rad}}$ の条件は，ともに $kr = 1$．すなわち，$r = k^{-1} = \lambda/(2\pi) \simeq \lambda/6$ を得る．

したがって，微小ダイポールアンテナから波長の約 6 分の 1 の距離において 3 つの成分は同じ大きさになる．

なお，これより近い距離では静電界が卓越し，これより遠くでは放射電界が卓越する．

2. x 軸方向のダイポールアンテナと y 軸方向のダイポールアンテナにそれぞれ

$$\begin{cases} I_x = I_0 \cos(2\pi ft + \theta) \\ I_y = I_0 \sin(2\pi ft + \theta) = I_0 \cos\left(2\pi ft + \theta - \dfrac{\pi}{2}\right) \end{cases}$$

の電流を流してやれば右旋円偏波が得られる．すなわち，y 方向アンテナの電流の位相を x 方向アンテナより $90°$ 遅らせればよい．

同様にして，左旋円偏波をつくるには，y 方向アンテナの電流の位相を x 方向アンテナより $90°$ 進めてやればよい．

3. アレーファクタ $D(\theta)$ は以下のように導かれる．

(a)
$$\begin{aligned} D(\theta) &= A_1 \exp\left\{-\mathrm{j}\frac{2\pi}{\lambda}d_1(\sin\theta - \sin 0°)\right\} \\ &\quad + A_2 \exp\left\{-\mathrm{j}\frac{2\pi}{\lambda}d_2(\sin\theta - \sin 0°)\right\} \\ &= \frac{1}{2}\left\{1 + \exp\left(-\mathrm{j}\pi\sin\theta\right)\right\} \\ &= \exp\left(-\mathrm{j}\frac{\pi}{2}\sin\theta\right)\cos\left(\frac{\pi}{2}\sin\theta\right) \end{aligned}$$
$$|D(\theta)| = \left|\cos\left(\frac{\pi}{2}\sin\theta\right)\right|$$

(b)
$$\begin{aligned} D(\theta) &= A_1 \exp\left\{-\mathrm{j}\frac{2\pi}{\lambda}d_1(\sin\theta - \sin 90°)\right\} \\ &\quad + A_2 \exp\left\{-\mathrm{j}\frac{2\pi}{\lambda}d_2(\sin\theta - \sin 90°)\right\} \\ &= \frac{1}{2}\left[1 + \exp\left\{\mathrm{j}\pi(1 - \sin\theta)\right\}\right] \\ &= \exp\left\{\mathrm{j}\frac{\pi}{2}(1 - \sin\theta)\right\}\cos\left\{\frac{\pi}{2}(1 - \sin\theta)\right\} \end{aligned}$$
$$|D(\theta)| = \left|\cos\left\{\frac{\pi}{2}(1 - \sin\theta)\right\}\right|$$

(c) $\displaystyle D(\theta) = A_1 \exp\left\{-\mathrm{j}\frac{2\pi}{\lambda}d_1(\sin\theta - \sin 90°)\right\}$

$\displaystyle \qquad\qquad + A_2 \exp\left\{-\mathrm{j}\frac{2\pi}{\lambda}d_2(\sin\theta - \sin 90°)\right\}$

$\displaystyle \qquad = \frac{1}{2}\left[1 + \exp\left\{\mathrm{j}\frac{\pi}{2}(1 - \sin\theta)\right\}\right]$

$\displaystyle \qquad = \exp\left\{\mathrm{j}\frac{\pi}{4}(1 - \sin\theta)\right\}\cos\left\{\frac{\pi}{4}(1 - \sin\theta)\right\}$

$\displaystyle |D(\theta)| = \left|\cos\left\{\frac{\pi}{4}(1 - \sin\theta)\right\}\right|$

それぞれの $|D(\theta)|$ が指向性パターンとなり，図 **A.4** のように描かれる．なお，(a) の場合，アレー軸に垂直な方向（0°）にメインローブをもつので，ブロードサイドアレー (broadside array) と呼ばれる．これに対して (b), (c) の場合は，アレーの軸方向（90° または −90°）にメインローブをもつので，エンドファイアアレー (endfire array) と呼ばれる．特に，(c) の場合は，心臓の形（の半分）に似ているのでカルジオイド (cardioid) ともいう．

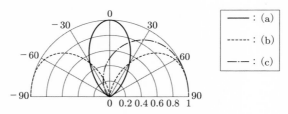

図 **A.4**　2 素子アレーの指向性パターン

4.　干渉波は所望波と相関がないので，相関行列は

$$\boldsymbol{R}_{xx} = \mathrm{E}[\boldsymbol{x}(t)\boldsymbol{x}^{\mathsf{H}}(t)]$$

$$= P_s\begin{bmatrix} 1 & \exp(\mathrm{j}\pi\sin\theta_s) \\ \exp(-\mathrm{j}\pi\sin\theta_s) & 1 \end{bmatrix}$$

$$+ P_u\begin{bmatrix} 1 & \exp(\mathrm{j}\pi\sin\theta_u) \\ \exp(-\mathrm{j}\pi\sin\theta_u) & 1 \end{bmatrix}$$

$$+ P_n\begin{bmatrix} 1 & 0 \\ 0 & 1 \end{bmatrix}$$

と表される．したがって，$P_s = P_u = 1$, $P_n = 0.01$, $\theta_s = 30°$, $\theta_u = -60°$, そ

して $h = 1$ を代入して，最適ウエイトを計算すると，次式が得られる．

$$\boldsymbol{w}_{\text{opt}} = \begin{bmatrix} 0.5000 - \text{j}0.3217 \\ 0.3217 - \text{j}0.5000 \end{bmatrix}$$

このときの指向性パターンを図 **A.5** に示す．

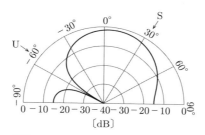

図 **A.5**　2 素子 DCMP アダプティブアレーの指向性パターン
(所望波：$30°$, 干渉波：$-60°$, $P_s = P_u = 1$, $P_n = 0.01$)

5.　(1) 76.5 dB,　(2) 84.5 dB,　(3) 89.1 dB,　(4) 107 dB

6.　まず，正面入射 $(\theta_i = 0)$，かつ，2 つの媒質で透磁率の変化がない場合[※1]には，TE 入射と，TM 入射は同じ結果となる[※2]．

　　以下では，式 (5.25) の TE 入射の式を用いる．$\theta_i = 0$，および $\mu_1 = \mu_2$ の条件を用いると，式 (5.25) は次のように簡単化される．

$$R = \frac{\mu_1 n^2 \cos\theta_i - \mu_2\sqrt{n^2 - \sin^2\theta_i}}{\mu_1 n^2 \cos\theta_i + \mu_2\sqrt{n^2 - \sin^2\theta_i}} = \frac{n-1}{n+1}$$

また，両媒質で導電率が 0 とみなせること，真空からの入射であり，$\varepsilon_1 = \varepsilon_0$ (ε_0：真空の誘電率) であること，および，$\mu_1 = \mu_2$ の条件を用いると，屈折率 n も以下のように簡単化される．

$$n = \frac{n_2}{n_1} = \sqrt{\frac{\left(\varepsilon_2 - \text{j}\dfrac{\sigma_2}{\omega}\right)\mu_2}{\left(\varepsilon_1 - \text{j}\dfrac{\sigma_1}{\omega}\right)\mu_1}} = \sqrt{\varepsilon_r}$$

これに $\varepsilon_r = 9$ を代入して

[※1] ここではコンクリートの比透磁率は 1 であり，真空の比透磁率と等しいので，$\mu_1 = \mu_2$.
[※2] 位相は式としては逆相になるが，これは図 5.16 の電界の向きの取り方に起因する．

$$R = \frac{\sqrt{9}-1}{\sqrt{9}+1} = \frac{1}{2}$$

これをデシベル表示すれば

$$20\log\left(\frac{1}{2}\right) \simeq -6.0 \quad [\text{dB}]$$

7. (1) 受信電力が P 以下となる確率は近似的に P/P_0 で与えられる．したがって，デシベル表示 P/P_0 の値を，確率を示すために真値表示に直せばよい．10 dB の低下は -10 dB であり，これを真値に変換すると 0.1 である．

(2) 選択合成ダイバーシチの出力が P 以下となる場合とは，2 つのブランチの受信電力がどちらも P 以下となる場合である．いま 2 つのブランチのフェージング変動が完全に独立であると仮定していることから，その確率の積で表される．したがって，$(0.1)^2 = 0.01$ である．

第 6 章

1.
$$\frac{20\,[\text{MHz}]}{30\,[\text{kHz}]} \cdot \frac{1}{7} \simeq 95$$

2.
$$\frac{20\,[\text{MHz}]}{10\,[\text{kHz}]} \cdot \frac{1}{7} \cdot 3 \simeq 286$$

3.
$$\frac{3 \cdot 10^8 \cdot 1 \cdot 10^{-4}}{2} = 1.5 \cdot 10^4\,[\text{m}] = 15\,[\text{km}]$$

4. TCP/IP は，IP ネットワークの機能は単純で高速であるが，コアを囲むエッジの機能が複雑である．したがって，TCP/IP による IP ネットワークは，拡張性があり柔軟であり，エッジでさまざまな複雑な機能を有することが可能となる．

　また，パケットが損失したとしても，ネットワーク層の IP では，ネットワーク機器の間でデータの再送を行わず，データの信頼性が必要な場合は，IP の上位層にある TCP を介してホスト間でデータの再送が行われる．

5. 生存時間は，ネットワーク上でパケットが無限にループ状に転送されることを防止する．

6. TCP は，トランスポート層におけるコネクション指向型のプロトコルである．データを送信する前にホスト間にコネクションを確立する必要があるが，データを確実に転送できる．

対して，UDP は，IP を使用するネットワーク内のホスト間のアプリケーションどうしが最小限のしくみでデータを送受信できるように設計されたコネクションレス型のプロトコルである．データを送信する前に，ホスト間にコネクションを確立する必要がないため，TCP よりも高速なデータ伝送が可能となる．ただし，パケットが途中で損失された場合，トランスポート層でのデータの再送信はないので，信頼性は高くない．

7. TCP のフロー制御は，受信ホストの状態を考慮して，送信ホストがデータを正しく受信できるように，受信ホストに送信されるデータを送信ホストが制御する．

また，TCP の輻輳制御は，送信ホストがデータ転送速度を制御して，ネットワークの状態を考慮してネットワークの輻輳を回避する．

8. バッテリ容量が $\frac{1}{20}$ となるため，1.28 秒間隔のままでは 40 時間の待受けとなる．これを

$$365 \,[日] \times 2 \,[年] \times 24 \,[時間] = 17520 \,[時間]$$

とするには，438 倍の 560.64 秒間隔とすることが必要．

参考文献

第2章

1) 川嶋弘尚，酒井英昭：現代スペクトル解析（POD 版），森北出版（2007）.
2) 貴家仁志：ディジタル信号処理，オーム社（2014）.
3) 守倉正博 編著：OHM 大学テキスト 通信方式，オーム社（2013）.

第4章

1) 川嶋弘尚，酒井英昭：現代スペクトル解析（POD 版），森北出版（2007）.
2) 山崎弘朗：電気電子計測の基礎：誤差から不確かさへ，電気学会（2005）.
3) 貴家仁志：ディジタル信号処理，オーム社（2014）.
4) 守倉正博 編著：OHM 大学テキスト 通信方式，オーム社（2013）.
5) 安達文幸：電気・電子工学基礎シリーズ 8 通信システム工学，朝倉書店（2010）.
6) 鈴木 博：ディジタル通信の基礎：ディジタル変復調による信号伝送，数理工学社（2012）.
7) 伊丹 誠：OFDM の基礎と応用技術，電子情報通信学会 基礎・境界ソサエティ *Fundamentals Review*, **1**(2), 35–43 (2007).
8) 内川浩典：低密度パリティ検査符号（LDPC 符号）：Robert G. Gallager 先生の 2020 年日本国際賞受賞に寄せて，電子情報通信学会 基礎・境界ソサエティ *Fundamentals Review*, **14**(3), 217–228 (2021).
9) 岩田賢一：C プログラミングによる Polar 符号の体験，電子情報通信学会 基礎・境界ソサエティ *Fundamentals Review*, **6**(3), 175–198 (2013).
10) S. B. Weinstein: The history of orthogonal frequency–division multiplexing [History of Communications], *IEEE Commun. Mag.*, **47**, Issue 11, 26–35 (2009).

第5章

1) 稲垣直樹：電気・電子学生のための電磁波工学，丸善（1980）.
2) C. A. Balanis: Antenna Theory: analysis and design, 4th ed. John Wiley (2016).
3) B. Widrow, P. E. Mantey, L. J. Griffiths, and B. B. Goode: Adaptive Antenna Systems, *Proc. IEEE*, **55**(12), 2143–2159 (1967).
4) R. L. Riegler and R. T. Compton,Jr.: An Adaptive Array for Interference Rejection, *Proc. IEEE*, **61**(6), 748–758 (1973).
5) R.T.Compton,Jr.: An Adaptive Array in a Spread–Spectrum Communication System, *Proc. IEEE*, **66**(3), 289–298 (1978).
6) 菊間信良：アダプティブアンテナ技術，オーム社（2003）.
7) 菊間信良：アレーアンテナによる適応信号処理（ディジタル移動通信シリーズ），科学技術出版（1998）.
8) S. P. Applebaum: Adaptive Arrays, *IEEE Trans. Antennas Propag.*, **AP–24**(5), 585–598 (1976).

9) L. E. Brennan and I. S. Reed: Theory of Adaptive Radar, *IEEE Trans. Aerosp Electron Syst*, **AES–9**(2), 237–252 (1973).

10) 大宮 学, 小川恭孝, 伊藤精彦：通信系におけるハウエルズ・アップルバウムアダプティブアレーの定常特性（技術談話室）, 信学論 B, **65**(4), 499–500 (1982).

11) O. L. Frost,III: An Algorithm for Linearly Constrained Adaptive Array Processing, *Proc. IEEE*, **60**(8), 926–935 (1972).

12) K. Takao, M. Fujita and T. Nishi: An Adaptive Antenna Array under Directional Constraint, *IEEE Trans. Antennas Propag.*, **AP–24**(5), 662–669 (1976).

13) 大鐘武雄, 小川恭孝：わかりやすい MIMO システム技術, オーム社 (2009).

14) 小川恭孝：MIMO 技術の基礎と応用, 信学会 MIKA2019 (2019).

15) 小川恭孝：MIMO 技術の基本と応用, MEW2019, WE6B-1 (2019).

16) 柳井晴夫, 竹内 啓：射影行列・一般逆行列・特異値分解（UP 応用数学選書 10）, 東京大学出版会 (1983).

17) 西森健太郎：マルチユーザ MIMO の基礎, コロナ社 (2014).

18) 奥村善久, 大森英二, 河野十三彦, 福田椅治：陸上移動無線における伝ぱん特性の実験的研究, 通研実報, **16**(9), 1705–1764 (1967).

19) M. Hata: Empirical formula for propagation loss in land mobile radio services, *IEEE Trans. Veh. Technol.*, **29**(3), 317–325 (1980).

第 6 章

1) 市坪信一：ワイヤレス通信工学（OHM 大学テキスト）, 7 章, 三瓶政一 編, オーム社 (2014).

2) Internet Protocol Darpa Internet Program Protocol Specification, IETF RFC 791 (1981).

3) J. Touch: Updated Specification of the IPv4 ID Field, IETF RFC 6864 (2013).

4) R. Braden: Requirements for Internet Hosts – Communication Layers, IETF RFC 1122 (1989).

5) Transmission Control Protocol Darpa Internet Program Protocol Specification, IETF RFC 793 (1981).

6) J. Postel: User Datagram Protocol, IETF RFC 768 (1980).

7) H. Schulzrinne, S. Casner, R. Frederick, and V. Jacobson: RTP: A Transport Protocol for Real-Time Applications, IETF RFC 3550 (2003).

8) K. Morneault, C. Sharp, H. Schwarzbauer, T. Taylor, I. Rytina, M. Kalla, L. Zhang, and V. Paxson: Stream Control Transmission Protocol, IETF RFC 2960 (2000).

9) W. Stevens: TCP Slow Start, Congestion Avoidance, Fast Retransmit, and Fast Recovery Algorithms, IETF RFC 2001 (1997).

10) 3GPP TS36.201 V16.0: LTE physical layer - General description (2020).

11) 総務省：令和 2 年情報通信白書 (2020).

12) 情報通信審議会 情報通信技術分科会 携帯電話等高度化委員会報告（案）概要 (2013).

13) 株式会社 NTT ドコモ：ホワイトペーパー 5G の高度化と 6G (3.0 版) (2021).

14) KDDI 株式会社：Beyond 5G/6G ホワイトペーパー Ver.1.0 (2021).

第 7 章

1) 村瀬 淳 監修，電子情報通信学会 編：無線通信の基礎技術：ディジタル化からブロードバンド化へ（現代電子情報通信選書：知識の森），オーム社 (2014).

2) 高山洋一郎，本城和彦：マイクロ波電力増幅器の高効率化・低ひずみ化のための基礎とその応用，電子情報通信学会論文誌 C，**J–91–C**(12) 677–689 (2008).

3) 橋本 修 監修，電子情報通信学会 編：マイクロ波伝送・回路デバイスの基礎（現代電子情報通信選書：知識の森），オーム社 (2013).

4) 野島俊雄，山尾 泰 編著，電子情報通信学会 編：モバイル通信の無線回路技術，コロナ社 (2007).

5) 小川晃一，上野伴希：ホイップと板状逆 F アンテナで構成された携帯電話用ダイバーシチアンテナの解析，電子情報通信学会論文誌 B-II，**J79–B2**(12) 1003–1012 (1996).

6) 山本 孝 監修：LTCC の開発技術，シーエムシー出版 (2010).

7) T. Ishizaki, M. Fujita, H. Kagata, T. Uwano, H. Miyake: A Very Small Dielectric Planar Filter for Portable Telephones, *IEEE Trans Microw Theory Tech*, **42**(11) (1994).

8) M. Hikita, Y. Ishida, T. Tabuchi, K. Kurosawa: Miniature SAW antenna duplexer for 800-MHz portable telephone used in cellular radio systems, *IEEE Trans Microw Theory Tech*, **36**(6) (1988).

9) R. C. Ruby, P. Bradley, Y. Oshmyansky, A. Chien, J. D. Larson: Thin Film Bulk Wave Acoustic Resonators (FBAR) for Wireless Applications, 2001 IEEE *Ultrasonics Symposium. Proc.* (2001).

10) K. M. Lakin, J. Belsick, J. F. McDonald, K. T. McCarron: Improved bulk wave resonator coupling coefficient for wide bandwidth filters, *2001 IEEE Ultrasonics Symposium. Proc.* (2001).

11) 小川晃一，石崎俊雄，小杉裕昭：携帯電話用高周波デバイスの超小形化技術，電子情報通信学会誌，**82**(3) 251–257 (1999).

12) 石崎俊雄：シリーズ「スマホの応用物理」スマホの無線技術，応用物理，**89**(2) 106–108 (2020).

索　　引

〈編著者・著者略歴〉

佐 藤 　亨 （さとう　とおる）

編集・執筆担当：第 1 章，第 2 章
1976 年　京都大学工学部電気工学第二学科卒業
1981 年　工学博士
現　在　京都大学国際高等教育院特定教授

石 崎 俊 雄 （いしざき　としお）

執筆担当：第 7 章
1981 年　京都大学工学部電気工学第二学科卒業
1998 年　博士（工学）
現　在　龍谷大学先端理工学部電子情報通信課程
　　　　教授

大 橋 正 良 （おおはし　まさよし）

執筆担当：第 4 章
1981 年　京都大学工学部電気工学第二学科卒業
1994 年　博士（工学）
現　在　福岡大学工学部電子情報工学科教授

岩 井 誠 人 （いわい　ひさと）

執筆担当：第 3 章，5.5 節，5.6 節，6.1 節，6.2 節
1987 年　京都大学工学部電気工学第二学科卒業
2001 年　博士（情報学）
現　在　同志社大学理工学部電子工学科教授

菊 間 信 良 （きくま　のぶよし）

執筆担当：5.1 節，5.2 節，5.3 節，5.4 節
1982 年　名古屋工業大学工学部電子工学科卒業
1987 年　工学博士
現　在　名古屋工業大学大学院工学研究科工学専
　　　　攻教授

大 木 英 司 （おおき　えいじ）

執筆担当：6.3 節
1991 年　慶應義塾大学理工学部計測工学科卒業
1999 年　博士（工学）
現　在　京都大学大学院情報学研究科通信情報シ
　　　　ステム専攻教授

松 田 浩 路 （まつだ　ひろみち）

執筆担当：6.4 節
1994 年　京都大学工学部電気工学第二学科卒業
現　在　KDDI 株式会社執行役員

工学基礎シリーズ
情報通信工学

2021 年 10 月 20 日　　　第 1 版第 1 刷発行

編　著　者　　佐　藤　　亨
発　行　者　　村　上　和　夫
発　行　所　　株式会社　オーム社
　　　　　　　郵便番号　101-8460
　　　　　　　東京都千代田区神田錦町 3-1
　　　　　　　電話　03 (3233) 0641 (代表)
　　　　　　　URL　https://www.ohmsha.co.jp/

© 佐藤　亨 2021

印刷　三美印刷　　製本　協栄製本
ISBN978-4-274-22758-5　Printed in Japan

本書の感想募集 https://www.ohmsha.co.jp/kansou/
本書をお読みになった感想を上記サイトまでお寄せください．
お寄せいただいた方には，抽選でプレゼントを差し上げます．